国外城市规划与设计理论译丛

城市历史街区的复兴

[英] 史蒂文·蒂耶斯德尔　蒂姆·希思　　著
[土] 塔内尔·厄奇
　　张玫英　董　卫　　　　　　　译
　　董　卫　　　　　　　　　　　译校

中国建筑工业出版社

著作权合同登记图字：01—2003—1164 号

图书在版编目(CIP)数据

城市历史街区的复兴 /(英)史蒂文·蒂耶斯德尔等著；张玫英、董卫译；
北京：中国建筑工业出版社，2006
(国外城市规划与设计理论译丛)
 ISBN 978-7-112-08039-7

Ⅰ.城... Ⅱ.①史... ②张... ③董... Ⅲ.城市规划－建筑设计－研究 Ⅳ.TU984

中国版本图书馆 CIP 数据核字(2006)第 008868 号

©Steven Tiesdell, Taner Oc, Tim Heath 1996

This edition of revitalizing Historic Urban Quarters by Tim Heath,
steven Tiesdell, Taner Oc, SA Tiesdell is published by arrangement
with Elsevier Science Ltd, The Boulevard, Langford Lane, Kidlington,
OX 5 1GB, England

本书由英国 BUTTERWORTH-HEINEMANN 出版社授权翻译出版

策　　划：王伯扬　张惠珍　黄居正
责任编辑：程素荣　率　琦
责任设计：郑秋菊
责任校对：董纪丽　王雪竹

国外城市规划与设计理论译丛

城市历史街区的复兴

[英] 史蒂文·蒂耶斯德尔　蒂姆·希思
[土] 塔内尔·厄奇　　　　　　　　著
　　张玫英 董 卫　　　　　　　译
　　董 卫　　　　　　　　　　　译校
*
中国建筑工业出版社出版、发行 (北京海淀三里河路 9 号)
各地新华书店、建筑书店经销
北京嘉泰利德制版公司制版
廊坊市海涛印刷有限公司印刷
*
开本：787×1092 毫米　1/16　印张：14$\frac{3}{4}$　字数：300 千字
2006 年 4 月第一版　2018 年 4 月第六次印刷
定价：53.00 元
ISBN 978-7-112-08039-7
　　　 (31419)

目　　录

前　言

　　许多城市都有以浓郁历史文化氛围见长的街区，它们营造出特有的场所感和认同感，构成城市魅力与活力的重要部分。这些街区的形象特征和功能品质都与城市整体密不可分。因为这些街区通常都位于城市中心区，所以它们的振兴实际上也就是城市的振兴。吸引更多的就业、商业、旅游机会，更重要的还有居住活动，是内城振兴并与其他城市街区整合的重要指标。

　　长期以来，历史街区的品质并没有得到正确的评价。就在20世纪60年代，它们还被认为只是破旧不堪的地方，应当予以拆除并实施综合性开发。到了20世纪70年代，人们的价值观发生了变化，开始着手对它们进行历史保护。但由于不能把所有的历史街区都变为博物馆或博物馆区，所以还是要想方设法振兴这些街区，使它们融入到城市的整体功能中去。历史街区的保护政策经历了一个从早期简单化的注重限制性保存措施的制定到以后的推动街区振兴与整合的演变过程。所谓振兴就是通过经济的发展为街区保护、维护和改善提供财政支持。这意味着两个方面的重要变化，其一是街区固有传统活动的改变；其二是重建街区的经济基础，而经济基础的重建又需要明确区分"功能的"和"物质环境的"这两种不同的保护方法。

　　各种振兴措施都需要在一个十分敏感的文脉和环境中展开，这既是一种限制条件，也是一种激励因素。所有的城市街区都在发生变化，而历史街区的变化就是在发展经济所导致的变革与保护需求对物质环境所作出的限制之间寻求平衡。这对设计和开发的品质以及建筑空间的质量提出了更高的要求，同时也都对诸如如何处理各种紧迫的保护与振兴的要求，以及如何在发展经济的同时尊重历史环境等难题提出了挑战。本书对这些涉及到城市设计(urban design)与城市更新(urban regeneration)的种种难题进行了探讨。当代城市设计的基本理念是创造场所感和营造一种良好的环境，所以一个好的城市街区也就代表了一种好的城市设计方法。

　　本书试图通过对一系列历史街区振兴案例的分析,将城市设计与城市更新予以综合考虑。来自北美和欧洲的个案分析展示出多样性的城市振兴策略及其成果,从这些历史街区的经验中所获得的方法与思考构成了本书的核心内容。本书所研究的对象是历史街区,即那种在一个相对有限的范围内集中了相当多的历史建筑的地区,以及以场所和地区为指向的各种城市设计与规划方法,书中并未涉及针对单体建筑的保护和修复方法。

致　谢

　　我们要感谢诺丁汉大学城市规划系的很多学生,他们的工作直接或间接地为我们贡献了一些实际的研究素材。下面是感谢名单:Caroline Bond, Helen Burley, Carly Gorten, Suzy Harrison, Alex Lewis, Anna Raymond, Graham Stark, Matthew Stock 和 Richard Wilson。我们还要感谢那些在不同的案例研究中付出时间或提供信息的人们。我们要感谢琳达·弗兰西斯、萨拉·肖和詹尼·塞姆博斯等人在本书制作过程中所提供的诸多帮助,特别要感谢蒂姆·劳埃德和奥利弗·莫里斯对第二章提出的富有启发性和建设性的意见,以及感谢戴夫·安塞顿为我们提供方便并在芝加哥设置邮箱。

　　我们感谢史蒂文·桑顿制作的插图和Glynn Halls加工并冲印了所有照片。大多数插图和照片都归作者所有,还有一些经过重绘:图2.1由Orhan Tuncay制作;图3.5和图3.6的使用得到了伯明翰市议会规划部门善意的许可。

作者简介

　　本书的每位作者都是建筑师或规划师。史蒂文·蒂耶斯德尔(Steven Tiesdell)毕业于诺丁汉大学,目前任职于该校城市规划系。他的研究领域集中在城市设计、城市更新与住宅,是《城市设计:装饰与装修》一书的作者之一。塔内尔·厄奇(Taner Oc)先后就读于中东技术大学、芝加哥大学和宾夕法尼亚大学,目前是诺丁汉大学城市规划系系主任。他的研究领域包括城市设计、城市更新与安全城市规划,是《城市设计:装饰与装修》一书的作者之一以及《城市规划问题研究》第一册和第二册的主编之一。蒂姆·希思(Tim Heath)毕业于曼彻斯特大学和诺丁汉大学,目前任职于诺丁汉大学城市规划系,他的研究领域包括城市设计、城市规划与计算机辅助设计。

1

城市历史街区的振兴

引言

妥善处理有价值的历史遗产对许多城市来说都是一个具有挑战性的课题。自20世纪70年代以来，城市历史地段和历史街区的重要性再次得到了人们的重视。第一次历史保护运动的基本策略是保护单体建筑、构筑物和其他遗迹，这种保护往往具有民族主义或宗教背景。建筑和其他遗迹受到保护的原因是它们与国家历史上的伟大人物有关，或如在英国和法国那样，与教区教堂所确立的教义相关。这些早期的保护策略的作用相当有限。需要特别指出的是，被保护建筑周边的随意开发对历史建筑造成了破坏。亚当·弗格森（见 Appleyard，1979 年）指出：尽管巴斯的一些历史建筑得以保存下来，包括新月形的皇家建筑、马戏场、水泵房等，但是它们的文脉却处于消失的危险中。如同高山没有了山脚，古老的建筑失去了构架。布达的希尔顿饭店（the Hilton Hotel，Buda）就是这样一个破坏了城市历史文脉的例子（图 1.1）。

不久以后，这种对保护历史建筑环境的关注就扩大到了基于地区的层面上。于是，第二次历史保存思潮或更确切地说保护运动的重点就转移到了历史建筑群、城市景观和建筑环境。保存（preservation）一词的词源意为"封存"，强调对变化进行限制；而保护（conservation）则强调变化是不可避免的，但需对其进行控制。在英国，这种区别明显地表现在保护区的法定意义上：保护区即"那些具有特殊建筑或历史价值并值得人们去保存或强化其历史特征的地区"（城市修复法案，1967）。

图 1.1
布达的希尔顿饭店的设计与玛塔亚教堂（the Matyas Church）周边的环境
格格不入，并产生了破坏作用。

　　基于地段的保护是针对社会、文化、物质环境遭受破坏而产生的反应，其原因
在于战后的拆除与综合性开发政策，还有后来的道路修建计划。值得注意的是，几
乎在同一时期，大多数欧洲国家都出现了地区性的保护政策。1961 年的荷兰历史古
迹法案是第一个，接着是法国的"马尔罗法"（Loi Malraux）。1967 年英国颁布了
城市修复法，同年还有意大利的城市规划法，然后是 1973 年土耳其的遗址与历史建

图 1.2
创建于 1933 年的新奥尔良维尔克斯·卡尔是美国的第二个历史保护区。

筑法案。美国在二战前已有好几个历史保护区。1926 年，在威廉斯堡建立了一个私营的保护区，约翰·洛克菲勒（John D. Rockcfeller）投入数百万美元成功地将这个小镇变成了一座博物馆。1931 年，在南卡罗来纳州的查理斯顿（Charleston，South Carolina）建立了一个名为巴特雷（Battery）的保护区。正如摩塔（Murtagh，1992，p.51）所指出的："这种方式标志着美国保护思想的一个重要时刻，即关注非博物馆式的历史环境，并将其作为保护的前提"。1933 年在新奥尔良的维尔克斯·卡尔（Vieux Carre）创立了另一个保护区（图 1.2）。然而直到 1966 年国家历史保护法案的颁布，才意味着保护工作被置于联邦法规的控制之下。

　　划定保护区或历史保存区意味着要承担更广泛的公共管理责任。"保护建筑或地段一旦由法规加以认可或默许，就意味着无法衡量其直接的公共成本……，也就是说，要维持这种地位就必须把这个地段加以整体维护、改造或重建。而这一责任是永无止境的"（Ashworth and Tunbridge，1990，p.16）。所以，这些街区的保护和保存仅仅依靠公共开支是不可能实现的。由于保护区的划定是以其整体价值为评价标准，而不侧重于单体建筑或构筑物的优劣，第二次保护运动就使更多的世俗和普通的历史建筑得以保护。这些建筑不可能都成为博物馆，也难以通过保护对街区经济形成直接贡献，或形成与保护有关的旅游业，因此应当创造出一种可行的具有经济效益的使用方式。伯滕肖等人（Burtenshaw et al. 1991, pp.157~158）注意到，为保护建筑寻求的新功能之所以失败，是由于"城市被迫作为一个开放性的博物馆而存在"。所以除了视觉的、建筑的和历史的品质外，对地区功能特征以及对保护建筑有利的经济功能的考虑应作为保护的重点。"外观形式的保存与城市功能具有关联性，保护因此成为城市管理的一种方式"（Burtenshaw et al.，1991年，p.154）。

在大多数国家，第二次保护运动中的政策和法规是在经济稳步发展时期制定的。正如阿什沃思和特布里奇（Ashworth and Tunbridge，1990，p.17）所宣称的，"把保护规划者的任务看作是控制和疏导各种对城市空间的竞争性需求是有道理的。"在许多国家，这项政策实行于20世纪70年代早期的经济衰退和财富贬值时期，从而阻止了拆除和再开发计划的实施，所以对保护很有利。20世纪60年代至70年代间，在美国和许多欧洲国家，内城历史建筑的品质在整治——以及其后的绅士化——运动中得到认可，也因此躲过了被推土机摧毁的厄运。然而这次经济衰退也抑制了人们推动经济增长以促使保护区恢复活力的各种努力。新的保护法规忽视了对保护区内历史建筑的有效利用，特别是当对城市空间的总需求大为减弱的时候。规划师们发现，以消极的控制方式进行管理，吸引所期望的功能比阻止对建筑不合意的使用要困难得多。

在大多数国家，从单体建筑保护发展到区域性保护，从着重于简单的控制性保护策略转变为注重历史街区功能的振兴、发展和强化，这一过程十分迅速。同时，从专业的角度关注保护的已不再局限于建筑师和艺术史学家，还包括了规划师和从事经济开发的人。保存单体建筑及其空间的确是开展保护的必要条件，但还不是充分条件。逐渐地，保存与保护的概念也从针对一些个别项目的特殊处理演变为城市规划的一个不可或缺的组成部分。当人们关注的焦点从若干孤立的纪念性建筑扩展到整个城镇景观和街道形态时，一系列的功能要素就清晰地突显出来："当前与未来的土地利用、交通系统、地区人口及社会结构等，都包括在实施保护时所必须考虑的问题中"（Ashworth and Tunbridge，1990，pp.14~15）。

由此导致了第三次保护思潮的出现，即制定更有针对性的、特别的和地方化的保护政策。新政策更加注重通过提高管理水平来振兴城市历史保护区和街区。工作的重点放在促进投资和推动地方经济发展方面，从而为街区保护和改善提供所需的经济支持。早期的保护政策更多地关注维护遗产本身的历史特性

(pastness of the past)，而以后的保护与振兴政策则更注重遗产的未来。任何在城市历史街区中的振兴尝试都要审慎地考虑其文脉与环境，因此必须处理好难以阻挡的经济发展的需求与为保护物质景观而使这种发展受到限制和控制之间的矛盾。在这些地区，协调保护与振兴的不同需求的力度，以及在尊重环境质量的前提下平衡经济发展等方面都极具挑战性。本书通过调查一些城市历史街区保护和振兴的过程、冲突及其结果，试图将城市设计与城市更新所涉及的各个方面予以综合审视。

考文特广场

　　考文特广场（Covent Garden）位于伦敦西区的中心。该项目开始时只是注重对历史遗产的保护，但人们很快认识到实施城市振兴才是问题的关键。考文特广场保护项目的成功也归功于各个公众团体和其他活动家的广泛参与。广场的标志性建筑是集贸市场，它不仅是其周边苏荷区（SoHo）及考文特广场地区的象征，同时还是

图 1.3
考文特广场中的市场建筑群。始建于 1830 年，20 世纪 70 年代末将其中三栋建筑改造为一个节日市场，考文特广场是整个考文特广场地区的中心。

地区整体功能的一个组成部分（图1.3）。考文特广场原是伊尼戈·琼斯（Inigo Jones）于17世纪早期设计的一个开放型广场。1670年经查理二世赞助，在广场右边建造了一座市场，而目前的市场建筑本身可追溯到1830年。在20世纪60年代末和70年代初，考文特广场就像一个大规模的商业开发用地，主要的开发计划是由大伦敦委员会（the Great London Council, GLC）支持和提供的。然而，就像拉文茨（Ravetz, 1980，pp.102～103）所描述的："这曾是一个令人难以置信的混合区。特色商业、住宅与花卉蔬菜批发市场及歌剧院混合在一起，所有这些将被一个由道路、旅馆和会议中心组成的宏大计划所取代。"

但是这项开发计划遭到当地商人、居民和保护者的联手反对，他们担心重建之后会失去历史建筑及其特征。他们的反对在1973年取得了胜利。在一次公众质询之后，大伦敦委员会提出的颇有争议的滨河道路改造计划因拆除量过大而从大伦敦初步开发规划中删除。不过在1974年考文特广场仍然被指定为综合开发区，并且在年底将市场建筑迁建到远离伦敦中心的新用地。坎塔库济诺和勃兰特（Cantacuzino and Brandt, 1980年p.56）评论说："仅仅在24小时内，多彩、诙谐、喧闹、拥挤、残破的市场消失了，考文特广场遭到开发商和道路工程师的肆意践踏。"

也就在同一年，保护运动的积极分子们为负责环境事务的国务大臣列出了一张包括200栋建筑物的名单。宾尼（Binney, 1984，pp.136～137）相信这是十分重要的。因为国务大臣（the Secretary of State）肩负法定的职责，对具有建筑及历史价值的建筑物进行登录。他不能因为其他方面的考虑，例如潜在的再开发价值或其他政策性考虑而简单地拒绝将这些建筑物列入保护清单。从此以后，在讨论任何拆除计划时就必须考虑到保护的需求。根据最后认可的100多栋建筑清单，国务大臣有效地阻止了考文特广场的大规模再开发项目，并要求规划师重新考虑其规划方案。

1978年发表的《考文特广场区行动计划》使考文特广场最终避免了被改为一个办公区的命运。在这个文件中，大伦敦委员会（GLC）下属的考文特广场管理委员会承认并尊重该地区独特的品质及其对伦敦中心区生活的潜在贡献。随后，新的规划突出了历史保护的重要性。虽然对许多建筑的保护取得了初步的成功，但在其后的振兴过程中必然会出现更多问题且情况更为复杂：不仅需要为这些历史建筑寻求新的功能，还要使它们得到良好的维护；街区的街道只有依靠吸引人和各种城市活动才能变得生机勃勃。考文特广场无疑是幸运的，因为这里一直是令人向往的地方，它地处一座世界上最繁忙的旅游城市并且靠近伦敦西部已建成的娱乐区。本书中将要讨论的许多其他街区都不具备这些优势。

城市历史街区

当代的或后现代主义[1]的城市设计与规划强调地方文脉的重要性,力图在设计中延续地方特色、历史肌理和传统街道模式。罗宾斯(Robins 1991, p.34)说:"现代主义规划强烈地表现出普遍性和抽象化的倾向,而后现代主义则强调场所感,重新激活并振兴街区的地方性与特殊性品质"。其中一种日渐流行的思想就是引入城市街区(urban quarters)的概念,这种概念在更为具体化的英国文脉中称为"都市村落"(urban villages)。此类街区的要点在于具有相对较小的尺度、混合功能、良好的步行环境(满足但不鼓励使用汽车)、不同类型与尺度的建筑以及使用权的多样化。许多欧洲大陆城市的传统多功能区都符合这个概念,巴黎的马赖(Marais)街区和博洛尼亚(Bologna,意大利城市)的中心区就是如此。可以说这种关注反映出对不断丧失的地方感与传统特色的忧虑,并唤起对"社区"的思念。许多城市都有不少特色独具的街坊,像伯明翰(见 BUDS,1990)和格拉斯哥(格拉斯哥城市区域委员会 CGDC,1992)这样的城市,已经在近期的规划中明确提出保护地方特色及其内在个性,采取各种政策来提高和强化那些独特而多样性的地方感。

巴黎的马赖街区与博洛尼亚中心区的振兴都是本书研究的案例。在欧洲大陆,多功能的混合街区具有悠久的传统,工作场地与居住用地相互交织。但是由于工业化发展的方向不同,这里很少像美国和英国那样建有大尺度的仓库和工业建筑。因此,这些大陆街区的建筑形式和城镇景观也是不同的。相比之下,许多英国和美国的城市街区不是典型的居住街坊,它们中的大部分是 19 世纪的工业区,以加工、制造、仓储或运输等功能为主。

本书中所提到的街区也包括具有重要景观价值的城市历史肌理。位于大西洋两岸、英美两国现存的体现 19 世纪巨大财富的工业建筑在本书的案例占有非常突出的地位。它们大部分是牢固的砖石建筑或是早期的钢或生铁框架结构,外表面通常包覆着砖或大理石。这些坚固的建筑产生一种强烈的个性与特征,还界定出一个富有意义的时代和场所。正如福特(Ford,1994,p.113)所言,"当人们一提起重工

1　本书提到了"现代运动"和"现代主义"(以大写形式出现)。这些名词在建筑和规划领域有相对一致的指代(即勒·柯布西耶、雅典宪章、包豪斯、机器时代和工业美学等)。在现代主义之后各种运动纷呈,我们用后现代主义(小写形式)来说明现代主义以后的一段历史时期,而用后现代主义(大写形式)来指代由查尔斯·詹克斯(1977 年)在《后现代建筑语言》(*The Language of Post Modern Architecture*)一书中提出的后现代建筑风格,以示区别。

业这个词就不由地皱起眉头，脑海里浮现出那种黑烟滚滚的烟囱和山一般的炉渣堆，而许多维多利亚时代的工厂建筑却如纪念碑一般卓尔不群。在 1800 年代晚期兴建的办公楼、旅馆、百货公司及公寓建筑以夸耀财富为特征，这也影响到许多大工厂和仓库的风格。"在 20 世纪 60 年代至 70 年代早期，旧金山的吉拉德哈里（Ghirardhelli）广场和纽约的苏荷（SoHo）区等地的历史保护保持了"工业时尚"的特征，迎合了大众的审美需求。而且，对库房建筑的改造与再利用比对那些重要的经典建筑的改造与再利用容易得多，后者需要进行十分专业的修整，对功能的置换也受到更多的约束。

本书讨论的重点在于街区或城市地区。对城市设计与规划的关注超过对单体建筑和构筑物的关注，特别是对那些在较小范围内集中了相当数量历史建筑的地区。我们有很多失落感，因为已经失去了很多再也无法重建的东西。这些损失有一些是第二次世界大战造成的，但更多的是因为战后重建和大规模的综合性开发。这使这类地区的价值更显宝贵：它们是无可代替的。近年来，人们已经通过多种手段对其进行保护。

现在，已经不会对历史街区进行大规模的拆除和再开发，历史建筑也不会被破坏，然而历史建筑原有的和目前的功能仍在逐渐衰退，甚至从城市的历史景观中消失了。这些地区需要具有一些有用的城市功能，而不是仅仅保持那种脆弱或几乎荒废的空间形式。在本书第二章中将会探讨城市历史街区中特殊的经济问题以及吸引投资、促进街区自身发展等一系列课题。当前，19 世纪的工业区之所以受到特别关注，是因为它们具有转换使用功能的潜力，能够适应新的城市需求，而这种改变影响到它们的个性。如果它们不再或不能保留工业（制造中心）的功能，那么它们还可能有什么别的适当的功能呢？除了马赖街区和博洛尼亚市中心外，本书所展示的大多数街区正在改变其特征，比如从（原先的）工业区变成办公以及各种消费场所，像零售、休闲和旅游等等。当然也存在着发展或保留居住功能的压力和要求，尤其是在工业建筑和低端办公房产市场的转化过程中。这类街区也倾向于采用多种不同的土地权属方式，经常是拥有很多较小的土地所有者，而不是将土地高度集中于相对较少的人手中。在欧洲，最大的土地拥有者往往是政府机构，它们获得并聚集土地，进行不同形式的开发或整个地区的综合性开发。但这种土地拥有方式最终被取消了。

在较敏感的文脉和环境中进行的振兴努力会格外关注修复和重新开发中的设计质量，以及建筑之间的公共空间的质量。本书尤为注意探索在城市设计和城市振兴之间的分界，特别是在第三章和第七章。

城市街区的定义

在考虑城市历史街区的物质要素时，尺度是一个重要内容。本书主要关注那些保留了历史完整性和内聚性的街区，而不是更大空间范围所遗留下来的文化碎片。格拉茨（Gratz，1989，p.258）指出："历史街区保护常常掩盖了一个事实，那就是往往所修复的东西对城市整体文脉来说微不足道，而且因所涉及的范围太小，以至于难以保留或再次成为更大城市结构中重要的历史文脉发源地"。她还说："当路易斯维尔（Louisville）、沃思堡（Fort Worth）、亚特兰大、圣迭哥、圣路易斯以及其他数不清的城市在炫耀其市中心那几个被修复的街区时，市中心的其他部分却陷入被推平与重建的梦魇之中"。

圣路易斯市就是这样的一个典型。1939年，吉迪恩（Giedion，1947，p.130）曾经见到过一个有着大约500栋建筑的完整街区，其中一些是极为精致的铸铁建筑。他注意到，"目前半荒芜的滨河地区已成为美国发展史上一段最激动人心的时期的见证。其中的一些商业建筑呈现出远高于同时期一般标准的建筑特征"。然而它们的命运很快走向终点。到1947年他的书再版时，吉迪恩在一则注脚中哀叹滨河的40个街区因建造杰斐逊国家纪念馆而被联邦政府拆除。这个历史性的滨河区仅有九个街区保留下来，以圣路易斯市的建造者拉·克莱德（La Clede）的名字命名（图1.4）。

有三种方法可用来限定或确认街区的范围：即划定物质边界（physical boundaries）、独特的街区个性和特色，以及通过功能和经济方面的关联性等。

边界

街区可通过模糊的或明显的边界来限定。边界可凭借一种明显的地貌来限定，也可依据自然的障碍物或地界，如一条河流或一条繁忙的马路来限定，或为了管理的方便而人为决定。边界可能自然形成，然后为了管理的目的而加以规范。与此相对应，一个历史街区的外廓也可能影响它以后的特性。这种特征也许与历史保护区的边界相吻合，也许不相吻合。具有清晰边界的街区有助于强化这个街区的认同感，便于街区内部功能、经济与社会等方面因素的互动，还能够促使这些不同方面的共同发展。所以，当简·雅各布斯（Jane Jacobs，1961）论及邻里（street-neighbourhoods）时，认为它们的成功大部分依靠各种城市活动的重叠和交织。而试图准确地限定城市活动的边界是无用的，因为无论它们最适合在哪里发生，都会无始无终地自成一体。

图 1.4

圣路易斯的克莱德码头区，由狭窄的32英尺的街道分割为九个街区，是圣路易斯河岸边保留的最后的历史区域。自20世纪70年代中叶起对建筑进行复原和修整，使之成为现代城市中建筑与环境多样性的重要组成部分。目前，它们仍保留与城市中心隔离。

特征与个性

林奇（Lynch，1960，p.47）在他的城市意象组成元素分类中，把街区定义为"城市的中型到大型组成部分，设想它有二维平面范围，观测者在心理上进入其"内部"，这两个平面因一些共同的、有个性的特点而被识别出来。它们一般从内部看是可识别的，如果从外部看也是可见的，则它们通常也用于外部空间的参照"。一个街区共同的、可识别的特点同时具有物质和功能的尺度。街区的特征及个性可能融于场所中的砖块和灰浆中，也可能是由街区内各种传统活动所形成的。

功能与经济方面的联系

经济上相互依赖、紧密联系的聚集性活动可以成为一个街区的特征，如珠宝街区（Jewellery Quarter）和莱斯市场（Lace Market）所显示的那样。本书中的许多街区是服装及纺织业的中心，这些行业的公司之间往往在功能上进行整合并调剂劳动力的使用。因此，在聚集特殊功能以形成地区特征并从经济整合中获得利益与通过一系列不同功能振兴街区之间有必要取得一种平衡。

历史保护

如圣路易斯的例子所展示的，保存与保护历史性物质遗产的要求是近期的事。洛温塔尔（Lowenthal, 1981a, p.10）认为："有意识地进行保护的个案可追溯至很早以前，但全面保护我们祖先的所有物质遗产只是最近才出现的"。要求保护历史遗迹有许多正当的理由。里普凯马（Rypkema, 1992, p.206）指出："保护经常谈及各种历史资源的'价值'：社会价值、文化价值、美学价值、城市文脉价值、建筑价值、历史价值以及场所感的价值。事实上，一种最强有力的理由是，对其所在的街区来说一座历史建筑具有多层次的价值"。然而，支撑其他所有理由的基础是"经济价值"。保护的要求最终一定是一种合理的经济和商业目标的选择，如果历史建筑只是由于法律和土地利用规划的控制才得以保护，那么各种问题将会接踵而至。在缺乏商业性理由的情况下，绝大部分保护就只能出现在那些有严格法规和土地利用规划的地方，这里的物质形态的变化或拆除都被加以控制。这种保护是为了公众福祉而进行公共干预的例子。缺少了这些控制，市场往往不能有效地保护那些公众认为值得保留的建筑。所以，探讨在法规体系中到底体现了什么人的利益是很重要的。

历史保护的主要理由详见以下七个部分。

美学价值

历史本身自有其内在的美学价值。老的建筑和城镇拥有价值是因为它们本质上有着美的或"古董"的特征，或更简单地说，因为它们的古老而产生出珍稀性价值。然而林奇却说要警惕"盲目崇拜历史精华"。相对于平实无华的当代建筑，历史建筑比许多"后工业"的办公、住宅和商业中心更为有趣。祖金（Zukin，1989，p.59）在提到早先的工业建筑时说："它们那既坚固又优美的结构告诉我们，在那个时代，形式更多地是来自于'场所'而不是'功能'。许多建筑的立面常以古典形式和雕塑来装饰，凸显出石工和雕刻匠纯熟的传统技艺"。历史建筑和历史街区具有独特的品质，它们令人回想起一个拥有真实技艺和个性魅力的时代，而这些在现代工业化的建筑及建造系统中都已消失殆尽。可以说，与机器制造的产品相比，人们的潜意识里对那些注定要磨损风化的自然材料有着一种本能的认同感。阿普尔亚德（Appleyard，1979，p.19）注意到，物质方面的舒适感、廉价的产品和安全性的获得是以个性丧失为代价的："老城市展示了人的尺度、个性化、相互关怀、手工技艺、美轮美奂和多样性这些在机器制造的、现代造型的城市中所匮乏的一切，后者只有单调重复及尺度巨大的特性。"

　　但如果走入另一个极端，将整个建成的环境都保护起来，就会使城市的进化和发展完全停止，使它的肌理和结构陷入僵化。近来的保护趋势是，保护历史街区的应变能力更为重要。在"纯粹主义者（purists）"与"民粹主义者（populists）"之间，即那些想保护历史建筑的人和那些想使用它们的人之间，也可能存在一些矛盾。就像在艺术史学家与一般公众之间那样。在纽约的苏荷区，历史保护学家与艺术家团体虽然能够达成一致，要求拯救铸铁立面的建筑，但却是出于完全不同的原因：历史保护学家是为了保留建筑的真实性；艺术家则是为了他们的家和工作室。（图1.5）

　　在一个快速变化的世界中，过去所留下的可见、有形的遗产因其所传达的场所感和连续性而体现出特殊的价值。各种历史建筑的存在是特定地区时代变迁的见证。阿什沃思与特布里奇认为："场所的亲近感在保持个人的心理稳定中十分有用，可以用保护政策来减弱物质环境的突变，这样才能在保护过去历史安全的前提下创造辉煌的未来"（Lynch，1960）。

建筑多样性的价值

　　一个历史场所的美感应当是由许多建筑的组合并列产生的，而不是其中任何一栋特殊建筑单独作用的结果。许多城市都是由一系列不同时期、不同形式与风格的建筑所组成的。正是因为过去的建筑与现代建筑并置一处才显现出它们的价值，特

图 1.5
纽约苏荷 (SoHo) 区。尽管目的不同，历史保护主义者和艺术家团体还是
能够达成共识，要求保留铸铁立面的建筑。保护主义者是为保留建筑的真
实性；艺术家是为自己的家和工作室。

别是许多稍早一点的建筑与许多极其单调贫乏的现代主义建筑形成了一种强烈的对
比。这种多样性通常显得很积极。芒福德（1938 年）在他的《城市文化》一书中生
动地描述了过去的城市怎样"利用不同时代建筑的多样性来避免因现代建筑的单一
性而产生的专断感，而不断重复过去某一精彩的片断则可能形成一种乏味的将来"。
因此，即使是相对世俗的历史建筑也会因它们对城市景观的美学多样性作出的贡献
而体现出自身的价值。

图 1.6 和图 1.7
在波士顿,无序蔓延而空旷的政府中心区 (图1.6) 及其庞大招风的广场,与范纽尔大楼 (Faneuil Hall) 和昆西市场附近小巧而更加舒适怡人的步行空间之间的对比效果令人震撼。

环境多样性的价值

从一个较大的范围来看，建筑多样性也会对环境多样性作出贡献。特别是在许多北美城市，经常会出现人性化尺度的历史街区环境与现代的尺度巨大的中央商务区（CBD）之间强烈的反差。在波士顿，政府中心区与昆西（Quincy）市场之间的对比效果令人震撼（图 1.6 和图 1.7）。

功能多样性的价值

街区租赁量变曲线的波动范围取决于各种建筑空间的时代多样性及功能混合能力。因此，各个街区的产权状况有可能导致相邻街区之间不同功能的协同作用。例如，新奥尔良的弗伦奇区（the French Quarter, New Orleans）作为一个娱乐性街区，与附近的办公区形成一个空间整体，分享共存共荣的协调关系，其效益远大于各个局部用地的总合。另外，历史地段也可能以较低的租金为那些经济效益较低但有重要社会意义的活动在城市中提供一个生存空间。而大规模的再开发项目常会摒弃这些回报率较低的使用功能。丹佛下城区（the Lower Downtown, Denver）的保护在某种程度上来说是成功的，它使这里与附近的中央商务区在功能上相互呼应。

资源的价值

里奇费尔德（Lichfield，1988 年，p.29）对保护给出了两个定义：第一是检验自然或人文资源的耗费速度；第二是检验人为资源，如建筑的废弃（或效用降低）程度。例如，建筑，无论是否美观、有无历史意义，还是简单实用与否，能够使用总比被替换掉要好。它们的价值可作为投资——或消费——资源而体现出来。若完全以能耗水平来衡量，建筑整治比全部重建的代价相对低廉，建筑的再利用就促成了对紧缺资源的保护，减少了建造过程中能源和材料的消耗，提高了资源管理的水平。但目前对于能源的资源价值很少在价格机制中予以考虑。

文化记忆／遗产连续性的价值

这不仅是一种美学或视觉的连续性，还是一种似乎很重要的文化记忆的连续性。自 20 世纪 60 年代中期以来，这种保护的理由已变得越来越重要，进一步扩展了早期精英们所关心并一贯认同的历史产品的美学范畴。可见的历史证据对人们建立文化认同感、延续与某个特定场所或个人有关的记忆都具有教育意义。这种对过去的诠释有助于明确当代社会与历史传统的关联性并赋予其以现代含义（Hewison，1987，p.85）。莫顿 （Morton，1993，p.21）说："建成环境与文字作品、雕塑、音乐等一样是众多历史遗迹中的一种，所有这些历史证据经过编织，就再现了我们的历史。而历史构成了理解我们所生活的时代的基础"。这个观点在《美国国家历史遗产保护法》（1966 年）的序言中表达得很清楚。"国家的历史和文化遗产应该作为社区生活与发展的一部分而加以保护，目的是为美国人提供一种历史观"（引自 Brown Morton III，1992，p.37）。不过，这种对文化延续性的关注也可能被人为地利用，而使保护工作包含一些特殊的——经常是政治性的——意义和被扭曲的价值观。这种诠释过程可能将历史建筑与环境从相对中立的艺术品变为一种政治化的"遗产"，保护什么样的遗产完全由那些拥有选择权的人按自己所认识的历史来决定。

另外，对显而易见的文化变迁的审美嗜好与关注也许有更为消极的理由：即对变化及不确定的未来的恐惧。对于不断提高的民族或地方遗产保护意识来说，这是一个变化的和危险的时代——不论这种变化和危险是来自内部还是外部。于是，遗产在某种程度上扮演了抵制变化的安全区和庇护所的角色，似乎是一种稳定不变、可见而有形的历史参照物。在这个意义上，我们可以看到怀旧实际上意味着"不仅仅唤回令人愉快的记忆，还有无法重归过去的痛苦的体验"。休伊森（Hewison，1987，p.46）小心地告诫说，怀旧的记忆不应当与真实的回忆相混淆："对个人来说，怀旧过滤掉了过去的不快乐和从前的那个自我，创造出一种能够帮助我们超越现实烦恼的自尊。"

对于每个特殊地段，都存在着场所认同感，而认同感本身也具有发展变化的连续性。对这种连续性的不断关注，反映出城市设计与规划中从现代主义到后现代主义的历史性变化。现代主义设计强调普遍性，后现代主义则更注重场所感、地方性和特殊性。如罗宾斯所说："这种文化地方主义反映出……那种铭刻人类生活时空印记的深层意识。目前，探究一定场所范围内所包含的生活历史的兴趣在不断增长，这些地区通过保留地方记忆与遗产而使场所认同感和社区得以延续。"这种兴趣源自整个社会对现代城市趋于雷同、丧失个性的担忧，并抵制不断增强的全球文化同质化倾向。

经济与商业价值

至今为止，探讨保护的理由还基本上停留在美学、社会和文化的价值上，而较少涉及到实际的经济或商业价值。而现实情况是，在公共资金无法资助的那些需要或希望得到保护的项目中，出于经济和商业利益而从事保护最终就必然成为其他保护动机的基础。从私人的角度来看，除非某项特殊行为具有一个明确的经济上的说明，否则这个行为是不可能发生的。然而，经济的理由常常被置于保护和维护的对立面上，保护政策也被认为是一种更为严格的规划方法。这就意味着公共部门将不可避免地更多地介入私人土地和房地产市场，导致更多官僚式的限制和拖沓。更准确地说，持有这种观点的人一般都反对政府的总体规划，尤其是反对对私人房地产市场的公共干预。

不论是否是自由市场，或是否存在明显的公共干预，历史建筑都必须具有有效的经济价值。里普凯马提出一个四部三段论："历史保护首先要涉及到建筑物；历史建筑是不动产，而不动产是商品；对于一个要吸引投资的商品来说，它必须具有经济价值。因此要吸引私人投资于历史保护上来，首先必须创造并提升历史建筑的商业价值"。他认为对任何商品来说，包括不动产，要想有经济价值，必须具备四种特性：稀缺性、购买力、需求和实用性。对于任何现存的商业价值，都必须具备这四种特性。

历史建筑无疑具有稀缺性：因为它们不能再生。这种稀缺性也提供了直接的经济收益的机会，例如旅游业。然而除了一些博物馆和咖啡馆外，只有极少的建筑把这个作为直接的收益来源。与其他没有什么明显特征的资源相比，稀缺性还可以提供额外的商业价值。例如，当老的工业建筑改变成居住功能后，就使这种居住建筑独具魅力和更为个性化。所以，最近（1995年）伦敦那些由工业建筑改造成的阁楼式公寓（loft apartment）的价值一直很稳定，在一个颇为萧条的住宅市场中成为畅销品。在一种重视保护和普遍对改变感到担忧的氛围中，这种历史保护方式能够推动地方发展，也更易于为当地社区或地方规划委员所接受。

一般来说，市场上总是存在着某种程度的购买力，问题是这些购买力往往飘忽不定，有可能投资于任何地方。如果相关因素都具备，那么就可以吸引这些购买力。进一步来讲，各种历史建筑常常缺少的是实用性和市场需求，而这种需求最终必须落实到不动产市场中某个具体的使用群体上。如里普凯马指出："仅仅有保护主义者和激进分子对建筑保护的需求是远远不够的。这种需求必须来自房地产市场上的一大批使用者。而且这种需求不是抽象意义的，它必须以支票簿来兑现"。对实际使用者和投资者来说，要产生并满足商业需求，就必须具有功能上和财政上的实用性。

建筑物的折旧与过时导致实用功能的缺乏或减少，折旧意味着资本商品使用期减少。建筑从建成的第一天起就开始过时；到了建筑对所有人都完全失去使用功能的境地时，就必须对其进行维修和维护了。目前有关历史街区和建筑的折旧概念有几种不同的评判量纲，这将在第二章中详细讨论。最有效的量纲是相对的或经济上的折旧，即与相关替代方案的成本相比是否过时。替代方案的成本包括改变其发展方向所需的成本和开发一块比较用地时所需的成本。如里普凯马所指出的："很少有人会说历史建筑没有用或市场对它们没有需求。关键在于这些建筑的经济价值比那些替代方案要低"。因此要吸引投资，历史建筑就一定要比替代方案有更大的经济价值。或者换句话说，历史建筑的使用成本必须低于它们的竞争对手。

振兴城市历史街区

我们有一大堆保护历史街区的理由，如果真的存在这种需求，怎样才能改善历史街区的品质并使它们获得新生呢？本书的核心内容就是从许多城市历史街区复兴的实践中获取必要的经验教训。

各种历史建筑和街区的过时性产生于它们的功能与当代需求的不相协调。所谓振兴就是要缓解历史功能与现代需求之间的不协调。这种不协调或因为物质结构本身，或来自街区内的经济活动。建筑或街区的结构可以通过不同形式的更新以适应新的需求：例如维修、功能置换或者拆除及再开发等。在经济活动方面，可以采用以新的功能替换老的功能等方式进行更新，在宏观上这属于"功能重组"或"功能多样化"；或保留现有功能但使它的运作更为有效或更有利，在宏观上这属于"功能更新"（functional regeneration）[2]。这种物质方面的振兴会形成一个有吸引力的、维护良好的公共领域。然而从长远来看，还需要进行一种更深层次的经济振兴，因为最终是私人领域——亦即建筑内部的各种活动——为公共领域的维持提供了资金。仅仅物质方面的更新是难以维持的和短命的。要将历史街区变为公共的露天博物馆

2　在本书中的"regeneration"一词仅仅局限在"更新"这一含义中，而不涉及其他更广义的用法。

需要巨额的资金补贴,在这种情况下,就必须为历史的形式增加有经济效益的功能。这样才能为建筑本身的维修和维护提供持续的投资,并间接地为历史建筑之间的城市空间服务。这样,城市历史街区的振兴就同时包括了物质结构的振兴以及在那些建筑和空间中的经济活动的振兴。

需要补充的是,街区的社会公共领域也必须振兴,使之富有活力。建筑的振兴只是提供一个舞台,它是为公共领域而设的物质容器,而公共领域也是一种社会的构筑过程。所以,历史街区的活力和生气必须是"真实"的,而不是刻意设计的或过分美化的;一个"真正"有效的和正常运转的街区是自然的和富有活力的,而不是一群受人雇佣的演员刻意表演的舞台。这个主题将贯串全书,并在第八章即最后一章中加以特别讨论。

在第二章,讨论的重点在于城市历史街区中的特殊经济问题、吸引投资问题以及鼓励特殊地段发展等问题。第三章审视了从现代主义到后现代主义城市空间设计思想及空间形态的变化。接着本书通过一系列的案例详述这些思想的发展,这些案例展现了不同城市中心历史街区的振兴过程。案例选择依据它们所具有的历史和保护方面的价值,例如欧洲案例中的街区,以及英国和美国案例中相类似的19世纪的工业区等。这些街区也展示了延续历史空间结构方面的多样性、展示了原有的或传统的工业形态,以及不同的改造方式及其对于城市的普遍意义。第四章研究了以旅游和文化振兴为导向的历史街区振兴,这种振兴基于表现遗产的地区历史特征、展示各种相关街区以及强调场所感。第五章介绍了通过居住功能的置换和强化功能的混合来振兴历史街区的尝试和经验。第六章则审视了那些仍然以工业和商业功能为主的街区的振兴。需要强调的是,大多数这类街区的振兴涉及面很广,包括在不同程度上采用各种方法和主题来达到振兴的目的。第七章研究了在历史街区的整治与新的开发过程中,因出于尊重城市的历史形式和街区建筑语汇与空间特征而产生的设计问题。最后一章总结全书,概括出有关城市历史街区振兴的关键问题,提出概念性的框架。

2

城市历史街区面临的经济挑战

引言

　　城市历史街区的振兴不仅包括物质结构的更新,还涉及到各类建筑与空间的实际利用问题。这就需要物质空间与经济活动的同步振兴,也就是说,一种振兴可能预示着另一种振兴。举例来说,可以以一种表面性的或"物质方面的"振兴作为短期策略,其目的是引发一种长期的、更深层的"经济方面的"振兴。物质空间方面的振兴能够形成一种引人入胜、秩序井然的公共领域。然而从长期来看,经济振兴是必需的,因为最终还是必须依赖于富有成效的私人领域才能维持公共领域的正常运转。

　　本章概述了一些与经济振兴有关的普遍性问题以及由于关注保存与保护(preservation and conservation)而产生的矛盾。尽管所有的城市区域都经历着经济成长所带来的变化,但是城市历史街区必须在有效应对经济成长的同时,出于保护方面的考虑而控制其物质环境的变化。就这类街区而言,在尊重环境质量的同时协调保护与振兴不同方面的迫切需求尤其具有挑战性。

经济方面的变化

　　在讨论城市历史街区特有的经济问题之前,回顾一下对所有城市区域发展都有影响的共性因素是有益的。在最近这些年里,出现了两个关键性的变化。首先是西方国家传统制造业的衰落，随之而来的是产业转型及信息产业的出现（如Castells，1989年）。其后果是西欧与美国的许多城市从主要的制造业中心变成了主要的消费中心。于是在城市的历史街区中，原本为适应某一历史时期而设计的物质景观，现在则必须适应新的历史时期的要求。例如，19世纪的工业街区正在变化以适应后工业社会的信息产业。在这个过程中，许多历史街区正由于其历史特性与场所感而获得了发展的优势。

第二个重要的变化是国际资本主义的重组和一种不断增长的全球经济的来临。例如，西方公司在将其制造工厂转移到劳动力更为便宜的发展中国家后更容易赢利。进一步来讲，国家界限的削弱、跨国公司重要性的增强使得在国家间、地区间、城市间以及城市内部等各个层面上的相互竞争更加剧烈。正如卡斯泰尔与希尔（Castells and Hall，1994，p.7）所言：

　　"最引人注意的悖论是这样一种事实：在一个以信息流为生产性基础设施的世界经济中，城市与地区日益成为经济发展的关键动力……。准确地说，由于经济的全球化，各国政府对其经济和社会进程的影响力大为削弱，这使它们身受其害。因为地区与城市在适应市场、技术和文化条件变化方面更加灵活。实际上，它们虽不如国家政府有权力，但它们在达到预定的发展计划、同跨国公司谈判、培养内生型中小公司以及创造条件吸引新财源、新动力和获得声誉等方面却有更强的能力，在新的增长过程中，它们相互竞争；但更为常见的是，这样的竞争成为革新、效率和合作性努力的源泉，最终创造出一个更好的生活场所和一个更有效率的贸易场所"。

看似矛盾的是，所有这些发展没有一个必然会导致城市作为重要经济活动场所的终结。在社会、经济和政治变化的过程中，城市的物质性基础设施和空间结构代表了一个相对稳定的基点。正如卡斯泰尔所注意到的，许多预言都暗示随着信息时代的到来，对城市的需要已经被取代了：例如，现代化的通信使人们在家里的"电子社区"中工作，尽管留在家中，人们是开放的并与一个由图像、声音和通信流的世界互动。然而，他又说："这些预言没有一个能对社会的实际发展趋势作出最基本的预测……。只有高度城市化的巴黎是应用以家庭为基础的通讯系统的成功范例"。

在城市中，各种经济活动的类型始终都在发生着变化：不同地区的财富会随时间而波动。汉夫顿与汉特（Haughton and Hanter 1994，p.39）认为，每个城市都期望在长时间的经济衰退之后会出现一个"黄金时代"。"20世纪的特点之一就是一些老城市因急速的产业转型而衰落，之后又以各种方式企图获得新生。在许多老城市中，为实现"第二个黄金时代"并在全球化经济中重新定位，重建政策往往着重利用从前一个黄金时代中继承的人为环境遗产。城市历史街区作为这个经济驱动力的一部分，它们极少能够独立于其他城市功能区，并且常常与城市的其余部分有着共生关系。因此它们的发展必须在城市背景下作为一个整体予以考虑。英国环境部（1987b）历史地区保护导则指出，最重要的是"保持其特色，但不以将它们孤立于城市整体之外为代价；它们必须是城市生活与工作环境的一部分"。不同城市、不同街区的种种变化时运及其物质结构可以根据其是否过时来详加分析，特别是用保护控制的方式来检验市场是否可以矫治或导致过时。

过时

　　城市历史街区所展现的时常是一种多样性混合状态，这些街区决定了城市的特色与个性，使有意义的场所具体化并历久弥新。然而，它们也存在着一些问题。其中许多问题与建筑本身和/或地段过时有关。林奇菲尔德为保护工作所下的定义之一，就是要检查人为资源是否过时。过时或使用率降低，就等于减少了资金收益的有效期。总体来说，无论人们的意愿如何，过时是城市变化的一种结果，是建筑结构及建筑区位相对固化的结果。

　　在建筑的营造或使用中，它通常是功能的一种"艺术形态"。它会符合营造时的建筑标准，承载合理的功能，也充分考虑诸如原材料运输和房地产市场这些因素。如果做不到这一点，就可以认为，它的建造是一个不经济的事例。然而，由于建筑超过了使用年限，以及它周围的环境发生了变化，这些都使得建筑变得过时。甚至到了这样的地步，即"它已完全无法满足各种需求，连自身的存在都岌岌可危"。振兴城市历史街区的所有努力都必须包括对这些过时进行处理和/或补救的各种措施，以延长历史建筑的经济寿命。但是，各种限制性的保护及规划措施可能会抑制、约束甚至阻碍历史街区的振兴与新的发展。过多地将历史建筑列入名录加以保护就如同开辟城市大道一样，有可能对一个街区产生破坏作用。过时再加上限制性的保护措施，会更加妨碍历史街区获得最大的、合理的，或者任何的收益，这样会造成经济上的紧张状况，束缚了城市所必须经历的变化。

这里有几个相互关联的衡量过时的量纲。其中一些是关于建筑及其功能的，而另一些则与整个地区有关。就不同的量纲而言，任何一座建筑或一个区域过时的程度将是不同的。而且"过时"是一个与最终状态相对的概念，因为"'作废'可能从来也不会发生"。举例来说，除非一座建筑是专门为了一个特殊的目的而设计的（如一座核电站），否则很难想像它不具有潜在的可变性而且无法转变其使用方式。因此，一座建筑极少会达到完全的过时状态。同样，过时也很少是绝对的，不管是一座建筑或一个地区，充其量是或多或少地比它的竞争对手过时一些。

过时的具体量纲[1]包括如下方面：

物质／结构性过时

过时可能因建筑的物质或结构性退化而产生。这种情形多出现在建筑结构受时间、天气、地基变动、交通振动或是较差维护的影响时。建筑需要比常规的持续性保养投入更多的力量予以修复与维护。没有这样的彻底维修，建筑的物质条件将会影响其使用功能。这种自然的过时一般是逐渐发生的。

功能性过时

过时也可能是由于建筑或街区的功能引起的。这可能是建筑本身的原因：建筑的布局不再适用于过去所设计的功能，或者建筑也不能适应当前及未来使用者的标准和要求。这种不足与建筑本身的状况有关，例如建筑没有中央供暖、空调或电梯，或建筑不能提供现代化的通信设施。同样，现代化的管理方式可能需要将辅助设备集中在同一层里而不是将其分散在多层建筑中。因为功能过时，可能会产生技术缺陷；而因为建筑效能低下，房产公司也相应地缺乏竞争力。

功能的过时也可能由于区域的原因而引起，如可能因建筑所依托的外部环境而产生不足：例如，因用地或周围的街道没有足够的停车场地，或者因街道狭窄以及交通拥塞而难以接近历史建筑。所以，保留一个地区历史街道的模式会限制它满足现代交通与可达性需求的能力。

1　这些有关过时的量纲改编自 Lichfield，1988 年。

形象过时

形象过时是对历史建筑或街区形象进行感知的结果。随着时间的流逝以及人类、社会、经济及自然环境的变化，在现代人的眼光中，固定的历史空间结构已不再适合于它所服务的各种功能，这种感知属于价值判断而且它实际上可能缺乏坚实的基础。形象过时可能是泛泛的或者针对某种特殊的功能而产生的。例如，与内城形象相关联的空气污染、噪声、杂乱无章等特征在早些时期很难吸引居住类建筑的开发建设。以现代的标准与期望值来衡量，这样的地区显然落后了。同样，一座历史建筑对于使用它的公司来说也不再传递着一种适当的"现代"形象。不过，知觉会随着时间而变化。在战后的一段时期，较老的建筑均被拆毁，兴建起与时代相吻合的具有现代气息的新建筑。到了今天，由于价值观的改变，老建筑因其所传达的稳定的价值观、传统性和可识别性而可能更受欢迎。然而，无论现实基础多么脆弱，感知对于价值与观念的塑造是十分重要的。在许多街区研究的案例中，振兴策略的一个重要方面就是审慎的形象设计。

"法律上的"或"官方的"过时

还有一种"法律上"的过时，这与功能和物质方面的过时有关。比如，这种过时多出现在政府部门规定了最低的功能标准的时候。这时，新的健康与安全、防火及建筑控制等标准的引入都使得历史建筑变得过时。另外，一座历史建筑可能因为地区的分区条例允许在其用地上兴建更大的建筑而在法律上过时。

物质上、功能上以及——有时是——形象上的过时都可能会导致一种"官方的"过时。例如，官方可以宣布一个街区因修建、拓宽道路或因地方规划部门指定的综合开发而被完全拆除。于是，在这个方案从宣布到实际完成的期间内，这个地区十有八九会走向衰退，因为那些长期的，甚至中期的投资会被吓退。这种官方的过时也可能因有关机构习惯性地不情愿为指定地区内资产的振兴——或维护——提供保险或基金而加剧。然而，应该认识到这种指定可能是不公平、不适当的或者是一种毫无根据的形象过时的产物。本书中的许多街区已经因那些最终被取消的拆除方案而遭到破坏。

区位的过时

区位的过时起因于地区内城市功能的变化。当建筑最初建造时，它的区位条件是根据与其他城市功能相关联的便利程度、市场、供给、交通基础设施等因素而决定的。但随着时间的发展，它所处的区位对于这座专门为某些活动而建造的建筑而言可能变得过时。出现区位过时是由于固定的地理位置无法适应可达性及劳动力成本等大的城市格局的变化。存在着不同层面的区位过时，如国家间的国际性过时或城市间的地区中心与边缘性过时。例如，当一个公司从市中心迁移到可达性更好的郊区工业区时，就出现了第二种过时。某些特别的变化也能带来区位的过时，如在废弃的医院或火车站周围建造的商店。

这种形式的过时也可能由于中央商务区（CBD）的迁移而造成的。自 1900 年代早期引进的现代建筑法规鼓励了城市商业区的重建。在欧洲大部分是在原地重建，然而在美国，将城市商业区迁入一个新的场所则更为简便。在美国城市里缺乏一个固定的主要广场或教堂广场，核心办公区的土地价值极点（PLVI）经常在相当大的距离内变动。因此福特认为核心区周围的架构可以被分成两个特殊的地段："弃置区"——即 PLVI 迁出的地区，以及"同化区"——即 PLVI 移入的地区。弃置区因此构成了相对的区位过时。在许多滨水城市，如圣路易斯与西雅图，随着时间的变迁，PLVI 从"滨水的半工业化混杂区移出，为避开那里的洪灾危险和拥挤状况，转移到一块地势更高且曾经是较好的居住区的地方"。

财政上的过时

老建筑的保护可能不会从财务或税收程序上得到什么帮助，相反，后者会形成一种"人为的"或者财政上的过时。在会计学中，折旧的概念常用来考虑预期的或预料中的过时[2]。折旧就是固定资产（例如土地、建筑、植物、机器、汽车和家具等）的价值会随时间变化而有规律地降低。因此折旧用以保证将这些资产的成本纳入公司商品的计算价格中，以及用于交易额和收益估价中。这种资产的消耗是获取商业收入的成本之一。

即使可以接受对折旧过程基本原理的阐述，它也有一些不理想的负面影响。从税收的角度看，建筑物是具有规定折旧期的重要资产——在其使用期内建筑具有经济价值并且可以因此获得减税。当这个期限满了之后，建筑物就不能再出现在公司的财政平衡表上了，因为它的折旧年限已到。即使是建筑物仍然有其固有的内在价

2　应注意过时也包括资产价值看不见的变化，比如说由于技术或经济的原因。这种看不见的变化更难计算，因为折旧的时间跨度是未知的。

值，但对于税收目的而言，它已不再具有任何价值了。正如里普凯马所言，这种状况"开始改变人们的思维方式，要使资产变成可以灵活使用的产品。折旧将房地产定义为一种"消耗性的"资产自有其正当的理由，所以在物质生命完结之前，建筑就变成了一种被消耗掉的资产，成为废弃物。将建筑拆毁不是因为它们的物质生命已结束，而是因为它们剩余的经济价值被认为是有限的"（Rypkema, 1992, p.210）。因此，有一种观点认为建筑的折旧应该全部取消，这样房地产就变成一种可更新的资产，而不是一种"消耗性的"资产。

相对的或经济上的过时

在大多数情况下，过时不是一个绝对的概念，它总是相对于其他建筑和地区比较而言的。正如里普凯马指出的那样："购买力是存在着的，资本也是可以得到的，只是它被投资在了别的地方"。其原因在于历史街区的投资成本高于那些更有吸引力的其他地区。这就引入了相对的或经济上过时的概念：即相对于可替代机会的成本而显得过时。这种可替代的机会包括来自其他建筑和地区的竞争，另外，还包括与一个特定用地上的可替代开发方案的成本以及在一个可替代用地上的开发成本之间的比较。

保存与保护的控制措施

以下部分将讨论保存/保护立法的合理性并关注其效果究竟为何。在一个完全自由的市场经济中，一旦一座建筑在经济上过时，它就会被直接废弃，任其恶化。或者，如果用地还有一些价值的话，建筑就会被拆除以便对用地进行重新开发。拆除的确是使某一用地获取更高利润的途径之一，比如通过一种使用地直接获得最大或最高利润的使用方法，以避免接受另一种不能使其潜在利润最大化的方式，或者以土地再开发达到最高的允许容积率。但是，在不允许选择拆除和再开发的地方，或是在整治和/或改造受到保护和控制政策限制的地方，问题就产生了。哈维（Harvey 1985, p.25）注意到，在资本主义制度下存在着一场长期的斗争。在这种制度下，"资本建造出一种与它的自身条件及时代相适应的物质景观，但却在随后的时间里不得不破坏它"。因为建筑的使用功能在不断变化中，特别当其他地区变得更加适合于某些特定功能时，要求和反对拆除现有物质景观的观点之间的紧张与冲突便产生了。在这种情况下，保护及其控制政策可以检验市场处理拆除问题的能力。

　　从长远看，通过市场供求关系之间的互动作用，私有土地的使用功能会逐渐向使用价值最高的方向转移。为了获得最大的回报，地主们通常将他们的土地出租或将土地股份卖给出价最高的竞买人。一般来说，那些愿意支付最高地租或价钱的使用者及潜在使用者也就是能够从土地使用中获得最大利益的人。因此，放任主义自由市场经济的拥护者们认为，获利最多的土地使用方式是最有效的，所以也是最合理的方式。然而，这种市场化的土地功能——利润关系忽视了社会因素的重要性。正如巴尔钦（Balchin）等人所指出的：“一个不加控制的市场会忽视社会的需求，它的存在只是为了追求最大的私人利益与金钱上的满足。”社会需求包括对历史建筑与地段的保护：由于它们对社会整体来说具有某种无形价值，它们的损失或破坏将导致社会福利的损失。正如第一章中所讨论的，这种社会价值来自于多种多样的建筑或街区中的美学价值；来自于建筑与环境多样性的价值；来自于它的遗产价值以及文化记忆的连续性的价值。

　　历史建筑与地段的社会价值是无形的，也很难用货币价值来衡量。结果它们在自由市场的价格机制中就被低估了，因此它实际上变成了一种“外部性”（externality）因素。当一个个体的行为直接作用于另一个体，但不通过价格体系表现出来时，外部性就产生了。由于这种外部性并不显现出来，个体在做决定时一般不会把它的影响计算在内。如果一种行为产生了积极的外部作用，那么就会有人提供补贴来鼓励这种行为。如果这种行为产生了消极的外部作用，那么就会导致公众干预的出现。有两种途径处理消极的外部作用：其一，禁止那些产生外部作用的行为，例如，拆除某个受到保护的建筑会遭到政府禁止或者必须获得许可才能进行，或者由政府购置那些受到威胁的建筑；其二，通过一些干预手段提高不良行为所需支付的实际成本，或者为更可取的替代行为提供补助金。然而，正如巴尔钦等人所警告的，公共干预机构必须“充分尊重市场的运行机制，并且能预测到他们的干预所产生的大部分直接或者间接的后果”。第二种途径一般是更好的，因为它形成一种理想的“基于市场的”的资源配置，因此在经济上更为高效。大多数历史保护法令和基金体系都有其特定的运行环境。而这种保护控制方法是公众干预的一个例证，因为仅为“公共利益”服务的市场是不会出现的，而自由市场又不能保护那些具有社会价值的建筑。

治安权

　　所有市场都是各种供求状况的反映。因此，在土地市场，任何试图调整供求关系的干预行为都会为决策创造新的条件，而新的决策又将改变土地的价值和使用方式。所以干涉通常会将社会因素融入决策过程，并因此改变供求之间的关系，产生一种如人们所希望的更理想的土地使用模式。通过保存与保护控制的方式对私有房地产市场实施公共干预，能够使房产主更加了解其建筑的社会价值。

实行任何形式的干预或控制都需要采取"治安权"（police powers）。一般而言，具有法律效力的城市规划在很多方面都会涉及到治安权的运用。在治安权的支持之下，国家可拒绝给予财产人某些使用权，如果这些权力的使用被认为与公众利益相对立或者损害了公众利益的话。与"征用权"不同，国家不会用"治安权"直接从财产人手中"拿走"他的财产，但可以据此决定是否支付财产人以补偿。在大多数国家，后一种做法更为普遍。在许多国家，治安权已经通过民主化的程序予以公正化与合法化。然而在大多数欧洲国家，直到第二次世界大战后才真正开始对私有房地产市场进行干预。在美国，则一直对保护私人产权给予了更多的关注。

无论其理由如何，一旦实施城市保护控制措施，就可能会抑制市场应对过时问题的能力。例如，当一座建筑能够被保留下来仅仅是因为它不允许被拆除时，就会产生许多难题。为保护一座建筑而对市场实施公共干预，就不能合法地使其引入新的功能，结果这座建筑不得不被闲置或废弃，因为它既不能被拆除，其用地也就无法加以再开发。这座建筑因此而成为公共资产，市场在这里不会发挥任何作用。所以，由于对历史建筑实施保护控制是一种将社会价值与地产市场相结合的干预行为，它并不需要得到普遍性的赞同，尤其是从那些受到不利影响的房产主那里。然而，这种做法将引发对私人房地产市场实施公共干预是否合法化的问题，继而在干预的原则与方法方面产生可能的矛盾。

这里将主要讨论干预的原则问题，同时也会涉及一些方法方面的问题。

在美国，公众对历史保护的关心一直受到自由主义政府所制订的强硬原则的反对，后者维护的是私人产权。有人提出了这样的说法，划定与控制历史地段违反了美国宪法所赋予的财产权。这些"财产权"基于宪法第五修正案中的《合理补偿条款》或《收入条款》。该条款主张"没有合理的补偿，私人财产不应被拿来为公共利益服务。"

自从1978年最高法院对纽约宾夕法尼亚中央火车站保护案作出裁决以后，美国的《收入条款》就有了特别的意义。在这个里程碑式的裁决中，"高等法院确认市政当局的地标法令符合宪法，是对治安权的正当使用。同时法庭裁决此地标法令的实施不违背宪法。虽然它使产权所有者不能从其房地产上获取最大利润，但保证他对房产进行合理而经济地使用"（Doheny，1993，p.7）。所以，站在保护的立场上看，法庭的裁定保证了产权所有者从房产中获得合理回报的权利，但是法律无需保证他们能够获得最大利润。此外，这个裁决还重申了政府治安权支持"这样的主张，即财产所有人所拥有的权利不是绝对的，为了整个社区的利益，这种权力必须受到合理的管制，以保证公众利益不会由于它的行使而受到任何侵害"（Doheny，1993，p.7）。同样地，应当广义地理解"正当补偿"的含义，布朗·莫顿三世问道："金钱是惟一的'正当补偿'吗？能不能把对一种街区场所感的保护同样称作正当补偿？"

　　虽然有了联邦最高法院对宾夕法尼亚中央火车站案的判决,宾夕法尼亚州最高法院在1991年的一项裁决却引发了对这个原则的再次争论。这个案子是针对费城博伊德剧院（the Boyd Theater）的保护问题而提出的（图2.1），这座比较平庸的建筑始建于1928年。法官罗尔夫·拉森（Rolf Larsen）断定，强行将该剧院列入保护名录将会使无须补偿就能获得财产权这种做法具有合法性。这个裁决"向市政府保护条例的合法性提出挑战，从而震惊了整个保护界"（Mitchell，1992，p.68）。萨克斯（Sax 转引自 Lee，1992，p.243）评论道：法庭似乎"回到了那个老的观点，即

图 2.1
博伊德剧院，一个挑战宾夕法尼亚州历史保护条例的法庭案例，尽管这座建筑得到了保护，它现在却变成了一家廉价商店。

仅仅审美上的理由还不足以支持治安权的使用。或者说，还需要有其他更实际的、但同样离经叛道的观点，即认为历史保护条例实际上是强迫房产主'为社会的历史、美学、教育和博物等真正的公共事业'无偿地献出他们的财产"。无论如何，上述裁决被推翻重审，这座建筑物也得到了保护。

在大多数情况下，很难说这个保护案例具备足够令人信服的依据来行使政府对私有财产的"征用权"，或使取得私人财产成为保护的必需。尽管保护与控制通常是通过一个国家的治安权来实施的，但这样做的理由取决于价值判断。正如里普凯马所说的："这不是一个财产权的问题，而是一个有关平等、公正和个人投资回报的问题"。归根结底，有关历史遗产保护与控制的问题就是公共福利（如社会价值）与个人利益及其对财产的绝对支配权之间的抗衡问题。通过平衡集体福利与个人利益，以及通过将某些消极的外部性因素计入价格机制等方式，将保护控制措施合法化是十分必要的。

从城市历史街区保护的角度看，对土地利用和保护控制的管理还存在着更深层的经济原因：即需要创造并保持一种能支撑和强化该地区综合价值的环境。与大多数其他资产形式不同，历史街区中的各种建筑一同形成相互依存度很高的资产。这是一种积极的外部性因素，即当一件资产得以整治或保持良好状态时，对于相邻资产而言就是一种外部性收益。但反过来也是这如此：如果一件资产被忽视，那么它的相邻地区就会有一种外部性损失。所以，相关的保护与限制性条例确保"每个人都遵守同样的游戏规则，并且不会因为不谨慎的开发而断送每一笔投资"（Uhlman，1976，p.6）。尽管一个编制完善的历史地段管理条例可能会影响某栋具体建筑实现最大价值，但它将提升该地区的总体价值。所以，"编制这种条例的目的不是要使公众利益与私人利益相对抗，而是使所有人的共同经济利益与个别房产主大发横财的行为相对抗"。

城市历史街区的振兴

为了延续建筑物的使用寿命而针对过时所采取的各种措施称之为更新。应对不同程度的过时需要同时对建筑和/或整个地段进行更新。因此，本书将更新作为更为广泛的振兴进程的一部分。更新的目的就是要协调过时及"建筑群所能提供的服务与现代人眼中的需求"之间的不协调。这种不协调或来自城市的（物质性）结构，或来自这种城市结构中的（经济）活动所发生的变化。为纠正这种不协调，需要在供给或需求方式上发生改变，或使二者同时改变。历史建筑是一种稀缺性资源，它的供给不可能扩大，因此，在供给方面惟一的措施是阻止建筑存量的减少，如通过登录制度和保护条例控制破坏的发生以及减少历史建筑发生的重大破坏。所有其他可以采取的措施都在需求方面，通过降低有效价格支付来提高对资源的合理利用。这些措施首先与现存历史建筑的质量、历史街区的物质环境和/或这些街区内的经济活动等因素相关。

城市历史街区的物质振兴

在一个指定的地段内提高存量资产（指历史建筑——译者注）的质量，就必须努力解决资产所存在的一定程度的过时问题。建筑的所有人和使用者可以在他们的能力范围内应对一定程度的过时，主要是结构上、功能上和形象方面的过时。有三种可能的方法来提高建筑及其用地的效用：拆除和再开发、实施建筑整治以适应当前的功能以及改变现有功能。在本章中将讨论这些变化的经济原则，而街区物质特性的振兴与再开发所涉及到的物质空间与设计问题将在第七章里详细讨论。

要确定特殊的应对建筑和其他独立结构过时或使用率降低的行动方式常常是一个理性的经济过程，它要评估各种不同行为的成本和收益。除非这座建筑在未来的使用中获得的额外预期回报超过了在修复过时中所花费的成本，否则改造行为将不会发生。另外，这种投资上的回报还必须考虑到其他可能的相关投资。所以，采取应对过时的行动时必须有商业上的理由。

历史建筑的拆除

在不同程度的过时中，存在着不同的理由来解释为什么会有拆除历史建筑的要求。建筑物被认为是过时的，很重要的一点是必须明确区分建筑是对于当前的使用功能过时，还是对任何功能都过时。在前一种情况下，现有的使用功能也许是不可行的或者不足以完整地保护历史建筑。因此必须考虑是为了发展一种新的功能进行拆除和再开发，还是对现有建筑进行改造以适应新的功能。

在任何一种情形下，因为屋主通常会为其房产寻求稳妥且价值最高的功能，所以他们会试图找到一种更有利可图的使用方法。这可能会导致功能置换。在第二种情况下，当一座建筑对于任何功能都过时了，拆除可能是人们所期望的，但必须受到保护控制的限制。由于最终的过时经常是一种价值判断，它常常成为房主与城市规划当局冲突的根源。

一座建筑更可能是在经济上过时，而非最终过时。出现这种局面是由于这座建筑并不是在当前的使用中过时，而是其所作用地再开发的潜在价值高于它的现有价值。林奇菲尔德对此做过说明："在下面一种状况下建筑可能不是过时的，即'如果要期望它满足所有的功能，它可能是完全无用的，但它可能还能满足当前的功能。'建筑可以被认为在经济上过时了，并且在经济的层面上它将不会更新，但可能会预知它在生命周期的下一个阶段质量（或价值）会下降"。因此，如果用地再开发的价值足够高，至少出于开发商的利益，建筑与用地就其当前功能来看在经济上便过时了。所以它可能导致历史建筑被拆除——虽然从绝对的意义上它并不过时——仅仅是出于要用新建筑取代它们的考虑。另外，由于着眼点的不同，在房主与公共规划机构之间经常会有利益冲突。

拆除一座建筑的压力也可能来自建筑在"法律上的"过时。由于历史建筑常比现代建筑要小一些，它们通常不会开发到所允许的最大容积率："一座容积率为3的建筑，位于一个容积率允许为18的地区中，如果处在强大的房地产市场中，那么无论该建筑或其所在社区有多么重要，使其消亡比使其继续存在更有价值"（Barnett，1982，p.39）。

美国的许多城市引进了开发权转移的概念，它能够使一座历史建筑的"上空使用权"合法地转移到另一块场地上。这个概念是由一位律师约翰·科斯坦尼斯（John Costanis）于1968年针对集中在芝加哥中心早期高层建筑物的保护而提出的（Murtagh，1992，p.53）。它作为保护概念首先在纽约实施，然而，在容积率转入地块接近转出地块的地方，设置历史建筑的密度奖励可能会造成令人遗憾的后果。

选择对用地实施再开发而不是对现有建筑进行整治，取决于两种资本价值之间的关系，即为实现最大利润的"净地"资本价值低于拆除现有建筑并建造新建筑的成本，可与之相比的可能性是，现有建筑和（在最大利润下）用地资本价值低于整治或改造成本。因此在一些情况下，再开发比整治更经济，而在另一些情况下，整治则更为经济。由于房产市场动态变化的本质，这种关系会随着时间而发生变化。

如果一个城区因基本设施的改善而恢复生气，那么建筑和土地的资本价值通常都将上升。然而，现有老建筑的价值可能最终会影响建筑与土地综合价值的增加。在这种情况下，老建筑就面临着拆除和搬迁的压力，用拆除和建设新建筑较小的成本来换取用地的新的更大的价值——至少从开发商的利益来说——其价值超过现有建筑与用地的价值。同样，一个清理过的地块的经济价值比有建筑地块的经济价值要大。在这种情形下，房产主会得出结论，认为这座建筑的净（有益的）经济价值甚至小于零，或至少与拆除的成本相抵。在上述两种情况下，改善这个地区将会面临拆除老建筑的压力。这就出现了一个明显的悖论：城市历史街区的振兴——通过增加财产的价值——也增加了某些历史建筑面临拆除的压力。不过，建筑历史特征的重要性与它对于振兴的贡献将会调和它所面临的拆除和再开发的压力。

如果出现相反的趋势，基础设施逐渐衰败，地块与建筑的资本价值将会下降。许多历史地区在开始振兴的努力之前都处于这种状态。如果用地贬值与它上面的建筑价值有关，那么使它保持积极的作用将有助于延长建筑的经济寿命。同样，若用地被空置或者遗弃，也可能会缩短建筑的经济寿命。

然而，正如前面指出的，尽管再开发可能更为经济，但有关保存及保护的控制措施可能会干预和阻止拆除与重建之间"正常的"循环链条。即使在那些拆除及重建都不可能的地方，出于追求更高的房产价格和租金的兴趣，也还有可能对用地的现有功能进行置换。这就对现状利润较低的用地功能形成压力，直至将其从用地中彻底清除出去。从保护街区物质形态的角度看，这种情况可能是令人满意的——建筑将保持在一种比较好的维护状态——但不利于延续它的功能和历史特征。这是一个经济或功能重组的过程，将在以后的章节里继续讨论。

对保护区内的拆除范围与程度的控制是保护方面一个最有争议的问题。在欧洲各国以及美国各个州及城市中，其具体的操作方式各不相同。在美国，禁止拆除通常是地方历史保护区法令的一部分。但是，由于开发界的强烈抗议或影响，一些法令没有包括这项条款。例如在丹佛，对拆除进行控制曾经是下城区历史街区最重要的标志性措施之一（见第六章）。

在英国更加放任的规划体系中，现行的国家规划指南（DOE，1994）指出了决策过程中的关键因素：

> 维持现有功能或寻找可行的新功能的所有努力都已经尝试过，但这些努力都失败了，以慈善或社区所有权的形式进行保护也是不可能或是不适当的，或者再开发将为社区产生重大的利益，但这种利益明显超出了拆除所带来的损失。如果没有清楚的和令人信服的证据，国务大臣是不会赞同完全或大量地拆除任何列入保护名录的建筑的（DOE，1994，PPG15，p.10）。

再者，明确地排除纯粹出于经济原因而进行的拆除："仅仅因为对开发商来说拆除历史建筑比对其进行修复或再利用在经济上更具吸引力，或者因为开发商从能够反映出再开发的潜力而不是从现有历史建筑的状况或限制的角度出发拆除建筑,在这种情形下国务大臣是不会同意的"。但是,国家政策指导方针只涉及到登录后获益的建筑。自1974年以来,拆除保护区中未登录的建筑需要得到专门的规划许可。在许多国家,历史街区常常含有重要的相当数量的未登录或未标明其状况的建筑。

在拆除的选择权受到控制的地区,那些过时的或经济上过时的建筑的所有者可能会有目的地任其废弃、衰败及闲置,这样就会促使(可能是不情愿的)出于公众安全利益的考虑而不得不允许他对建筑进行拆除和再开发。这样,政府就不得不承认这些建筑实际上——并且因此在法令上——的过时。为了阻止如在西雅图先驱广场(Pioneer Square, Seattle)所犯的善意的错误,美国于1974年颁布了《最低限度维护法令》。当历史街区内任何一座建筑的质量(或价值)下降到使得它的维护处于危险境地,或它对于其所有者或一般公众造成安全威胁时,建筑的城市监管者可以进行干预。对于必须进行的工作可以发布命令。如果这个命令没有在上诉中被驳回,那么城市就可以开展修复工作并且从房主手中收回工作成本。然而,在这种艰难的状况中,制裁必须通过专用拨款补助鼓励来取得平衡。这与英国的建筑修复条款相似。

历史建筑的整治

如果历史建筑难以拆除,或者它仍保留一些经济价值和使用功能,则需采取相应的整治措施来阻滞过时以延长建筑的寿命。菲奇(Fitch, 1990, pp.46-47)提出了一种关于历史建筑的有效分类方法,即"根据建筑损坏程度确定进行干预的梯度"(见图7.2),即:保护、修缮、整修、改善、改造、重建与复制。"整治"一词在此用作一种通称,兼有修复、整修与改造等含义。在这一章中,直接涉及到的是整修与改造。要解决至少某些过时,通常是结构和功能上的过时,就会对一座建筑进行整治。对于房产主来说,拆旧和建新的经济预算是相似的,但采取整治方法,就等于降低了用地成本 (因折旧或"历史的"原因)。建筑的实用性可以通过两种整治方式得以加强,即改变其现有功能,或赋予建筑以不同功能来重新利用,使其适应现代需求。

用整修方式可以应对建筑现有功能的过时问题。一定范围的整修计划可能是街区内部现有功能更新的一部分。对历史建筑进行改造,包括改变其使用功能或适当地加以再利用等方法,可以恢复建筑的原有价值。里普凯马注意到,"过去25年来,所有历史保护行为的一项主要成果,是证明了任何建筑实际上都存在着若干可以替代的功能。再者，各地优秀的建筑师们已经想出各种创新性的方式来减缓或者克服那些可能导致老建筑使用率下降的问题"。如果这个过程大规模地出现在整个街区，它就成为该地区功能重组的一个有机部分。例如，纽约的 SoHo 街区就是一个由工业仓房转化为居住功能、继而使整个街区功能重组的例子。

保护与整治的需求不可避免地涉及到一个矛盾，那些从事建筑和街区保护的人必须要意识到这一点（Yeomans，1994，p.159）。整治工作的目的是，通过必要的功能调整以延长现有建筑的有效生命；与此相反，历史建筑保护法规却旨在保护和保存历史建筑本身的现有特征不变。进一步讲，如果为了保留这些历史特征而使整治工作变得更加困难或更加昂贵时，就会产生更多的矛盾。其实对建筑本身的整修或改善很少成为矛盾焦点。因为许多历史建筑，尤其是 19 世纪的工业建筑，其物质结构相对坚固，建筑经久耐用。问题的焦点是缺少适当的投资来施行整治。因此考虑建筑整治所需的资金是十分重要的。

要在城市历史街区中为改善物质结构进行投资并因此而增加资产的价值，必须存在商业上的理由。若要商业上的理由存在，建筑物必须具有经济价值，或者具有能够加以创造的、潜在的经济价值。在商业投资预算中最重要的方面是选择机会成本的大小，即在一个地块上可供选择的开发成本与另外一个可供选择的地块上的开发成本之间的比较。这样一来，拥有历史建筑的地块就会比另外一个可供选择的地块有着更大的经济价值。

为了营造这些在商业上具有竞争力的历史建筑，经常需要某些类型的公共补助金（如为缩小历史街区与其他街区之间差别的"补偿基金"、直接专用拨款、低息贷款等）来帮助它们得到整修或改善，这样可有效地降低它们的使用价格。各种鼓励和其他的公共行为以及补偿基金可能经常是商业预算和投资决策中的一个重要因素或组成部分。这些公共补助金可以用来弥补对建筑或街区的合法保护所带来的额外成本，或用来鼓励市场采取一种它原本不会采取的特殊行动，最终使保护项目产生社会或社区效益，而这种效益在没有补助基金时是不会产生的。在这个基础上，公共补助金才被证明是合理的。需要提供公共补助金的经济案例通常出现在一种行为的社会利益超过私人利益的地方：例如保留一个地标性建筑为公众带来的愉悦与幸福大于对建筑房产主所提供的补助金的价值。正如前面所述，补助金的价值应与所获得的公共效益相称，因为历史建筑的社会价值是不可估量的。

在英国，有多种与保护相关的基金项目用以鼓励对历史建筑进行整治。然而，关于间接税、增值税（VAT）等税收体系实际上却起着反对保护的作用。增值税制度从来不去关心是在新开发用地上进行建造还是对登录建筑进行改建和重建，但却限制对登录建筑进行维修和维护。坎塔库济诺写道："因此实质上存在着一种对登录建筑进行改变、更新和不可避免的破坏的鼓励机制。这就是为什么登录建筑常常在现存的外表下被完全重建，歪曲了保护原意的一个原因"。

在美国，除了那些需要得到地方法规许可的情况外，对历史建筑的改变通常无需获得批准。但是有一套财政和税收奖励机制来对历史建筑的整治加以控制，它鼓励房主整治历史建筑并使其维持在良好的状态。这套机制被独创性地列入1976年联邦税收改革法案中[3]。而在早先，由于允许在拆除成本中扣减赋税，税收法实际上阻止了历史财产的保护与整治。为任何一座历史建筑请求减免税额的工作都必须接受国家公园署按照内政部长制定的整治标准进行审查（见图7.2），以此来保证建筑历史特征的连续性。

美国的地方税收制度也允许采取一些地方性的奖励。1985年，华盛顿州制定了一套对整治过的历史建筑进行评估的专用标准（西雅图城，1990，p.25）。在新法律通过以前，如果对历史建筑进行改善，则对产权所有人征收的房产税将会增加。这样会对一些重要历史建筑的修复产生令人沮丧的影响。新的法律规定，为重要的整治工作提供财产税收方面为期10年的房地产价值的特别估价。到1990年，在西雅图的先驱广场街区已有20幢建筑物有资格享有这种特殊待遇。

另一种基金方式是以一种"周转资金"方式将一笔专款用于历史保护、保存和振兴等特殊目的。这种周转资金使得从有利可图的项目到利润较低的项目之间进行交叉补贴成为可能。在美国，第一笔公共周转资金于1972年创立于西雅图，成为西雅图历史保护与开发管理局振兴先驱广场的一种有效手段。这项基金仿效查尔斯顿与萨凡纳（Charleston and Savannah）私人基金的做法，它并不直接用于整治工作，而是用来购置暂时处于危险中或者不景气的建筑。那时，许多这种建筑甚至不需要购买而通过选择就可获得，买主对这些历史建筑精心修复后再将它们出售，所得资金就被投入基金以启动下一轮的购置行为。还有一些基金则用来直接资助整治工作。例如，丹佛城于1988年建立了用于鼓励其下城区振兴的下城区周转借贷基金（RLF）。该基金用于支付更新与保护那些对下城区有所"贡献"的建筑时所短缺的资金。RLF发放低息贷款而非奖励基金，贷款申请人必须提供有偿还能力的证据。

---

3 这个体系在1981年的《经济复苏法案》中进行了修订，并由于被大投资商和开发商滥用而在1986年的《税收改革法案》中被再次修订。后一次的修订减少了在税额减免上的慷慨行为。其直接后果是1987年整治项目的数量减少了35%。对那些登录到国家历史场所名录或国家级街区名录的"历史"建筑进行"重大的"整治，最高的税额减免是20%。对40年以上的"老"的但不是"历史"建筑的税额减免是10%。

基于街区的更新

经济价值必须在两种尺度上显现出来：即单体建筑的层面以及街区建筑群的层面。孤立地进行单体建筑的修复或改造对于一个街区的经济发展可能不会产生重大的影响。如前所述，建筑是一种相互依存的资产。一组相邻物业的质量、环境、维护状况和管理水平对其中任何一座建筑都有直接的影响。"房地产的价值主要来自于他人已经给予的投资：如纳税者、其他资产所有者、雇主等。如果去掉一个街区的步道、街道、下水道和污水处理系统、自来水厂、治安保卫、就业岗位和人口等要素，建筑物本身还有任何价值吗？完全没有。产生房地产经济价值的大部分力量来自用地边界以外"。这种状况进一步增强了采用更为综合的、基于街区的振兴方法的必要性。由于建筑是相互依存的财产，所以，尽管关键性的启动和示范项目很重要，也还是应当把城市中零碎的历史地块作为整体性街区统一考虑。这样，应该从地区的角度整体地把握改善现有资产或地方物质环境的方法，而非零星地、就事论事地进行操作。

许多基于街区的振兴策略都不可避免地把重点放在历史资产的处理措施上。这些策略尝试通过改善某个特殊地段的物质环境和/或改变空间功能使街区的经济状况时来运转。它们致力于推动取消在土地和房产开发方面的各种限制来支持振兴。其理由是土地供应、劳动力、资金和企业精神的改善能够刺激经济增长（Solesbury，1990）。例如在排除困难的同时重视产权人、场所和用地条件、规划政策、基础设施供应以及加速土地获取与施工的进程等（Healey，1991）。至于资产本身，除了过程的和制度上的变化之外，在一个地段提供的现有资产没有得到充分利用时，可能需要储备一种更合适的存量，因为改善既定的资产存量能降低使用的有效价格，因而刺激使用者的需求。所以，必须采取行动改变建筑的形象过时或其他更为实质性的过时。

各种与建筑资产相关联的改进措施促进了实质性成果的产生，成为实施保护的象征，也改变了一个街区的外观或者至少提高了它的地位。因为资产在赋予城市与城市区域一种"场所感"方面起着重要的作用，所以大体上仅仅通过对街区立面或外部空间的整治就可达到改善或改变这个街区"形象"的目的。

然而，低劣的物质环境可能是低收入与缺乏投资等深层次问题的真实表征，由此而产生的种种消极观念破坏并持续削弱此类地区的经济和竞争能力，形成恶性循环。进一步分析，衰退又可能使这种负面形象成为事实。所以，我们有理由认为对物质环境的投资可以帮助打破这种恶性循环。通过这些实质性的行动，间接地吸引针对街区的投资以支持现有的商业与居民(图 2.2)。这一方法的要点在于建立自信，同时对街区外部形象实施积极的改进。然而，除非得到其他方面更为实质性的经济支持，以推动街区形象的积极改善，否则这种"拔苗助长"式的街区形象只会是短命的，以后甚至连最初的改善成果都可能维持不下去。这种仅限于街区立面的改善可能会导致一种短期的物质性振兴，但这种振兴最终对于合理利用地方建筑资产的影响甚微。

图 2.2
在纽约特里贝卡 (TriBeCa) 的承重的建筑正面。一些遭废弃或维修很差的建筑对场所形象产生了负面影响。因此，很多振兴计划始于对建筑进行维护，改善其形象并恢复地区自信。

另外一种可能是，以相应的资产处置方式来应对现有建筑的功能过时。例如，提供能够满足具有更高服务要求的、以电脑为办公工具的高标准办公建筑，由于它们具备现有办公建筑无可比拟的优点，从而创造出新的市场需求（见 Duffy and Henney，1989）。

因此以资产处置为先导的振兴策略或要恢复人们的自信，或要创造一种对地方经济的新自信。在各种处理方式中，树立示范性的旗舰项目是很重要的，这样做的意图是为了推动街区的全面变革。开始的一步是短期性的，其主要目标是恢复自信，以稳定或振兴某一城市地段在一种健全的经济体系中的竞争地位，或使其具备内在/外在功能性更新的潜力。

在振兴战略的初始阶段，整体的地段改善可以作为一个街区重塑自信的第一步。这笔支出通常能够通过更高的税收收益获得补偿。城市公共部门可以通过经常性地对历史街区中的公共领域的改善给予资助，以展示对这个地区具有"信心"。正如乌尔曼（Uhlman 1975，p.6）所说："公共部门对城市外部环境的投资是表现对这个地区具有信心的象征"。这也是最近丹佛LoDo街区所采纳的方法（见第六章）。在美国的许多城市里，可以通过由公众投票所指定的特别价值街区（SAAs）或商业改善街区（BIDs）来募集基金，亦即这些地区内所有的商业都要缴纳一项特别税款用于设立地区环境改善基金。例如在西雅图，城市与先驱广场社区（the City and the Pioneer Square community）建立了一个"停车与商业活动改善区"基金会（PBIA），来为改善先驱广场的各种维护、服务设施和激励措施提供基金。

英国有一项广泛用于城市历史街区保护的政策，就是划定工业与贸易改善地区（IIAs与CIAs），它产生于1978年的"内城地区法案"。这一政策的作用在于使这类地区内的资产所有者能够获得建筑内部和外部整治成本的50%的补偿金。然而，这项补助金的实际作用因其分批的——而非一次性的——给付方式而减弱了。另一个相似的方案是诺丁汉的城市"清理计划"（Operation Clean-up），它通过为公共部门提供资金的方式来鼓励建立私人基金，用于改善建筑的立面。这个计划被很好地应用于该城的莱斯市场街区的保护与改造。

第二个步骤是长期性的。在那些正在经受经济衰退的街区，这一方法是通过审慎的功能多样化和/或者结构调整来塑造新的自信。这涉及到现有建筑大规模的改造和再利用。街区内那些已经失去原有功能的废弃空地或建筑为采取这类功能转化或结构性调整提供了一个具有可塑性的物质基础，通过功能的多元化使各种不同的空间能够容纳新的经济活动和使用方式。这种结构性调整应当以规划为先导，通过街区功能的转化或再开发创造出一系列能够包容各种不同活动的、更好的空间集合体。也就是说，"依靠供给来有效地创造需求"（Solesbury，1990，p.193）。这种方法隐含一种假设，即资产市场自有其内在的动力：提供新的和修复良好的资产并不仅仅是对市场需求的被动反应，还可能通过提供更高质量的资产或满足先前未曾遇到或潜在的资产需求来进一步刺激市场发展。

通过对一个街区的建筑和/或公共领域进行投资，就会创造出更高质量或更加适用的空间，于是公共部门能够以此进一步显示出对这个街区的自信。例如，各类公共部门可以在此类特殊地区租用空间以显示政府的政策导向。这种情形已经出现在西雅图的先驱广场，为鼓励私人部门对更新过的建筑的兴趣，该市将部分政府机构设置在先驱广场一些刚刚更新过的建筑中。经过一个三年的使用期，城市保证了开发商获得的一些直接投资收益，同时使他们确信城市对该地区的承诺。

资产措施的局限性

在街区振兴中也必须意识到，资产开发和改造措施有其一定的局限性。在市场中，由于使用者的需求存在着各种形式的缺陷，一些改善建筑群状况的资产措施可能作用有限。特洛克（Turok，1992，p.376）注意到，适当的资产开发能够而且应该为力图获得全面振兴的综合计划提供实际的操作机会。然而，资产措施的有力作用将仅仅在特殊和有限的情况下才是重要的。例如，在因土地条件和建筑环境而出现大量问题的地区，实施再开发的障碍源于物质环境、法规制度和/或经济因素的地区，因土地短缺和/或建筑实用面积缺乏而阻碍了投资引入和自身发展的地区，以及私人部门对于使用者需求的反应不够充分或者不恰当的地区，资产措施才会发挥相应的作用。

特洛克进一步建议，可以用不同的资产措施使当地相关经济活动形成明显的层次差别。但要做到这一点，须满足一些基本要求：即目标区域具有适当的外围条件，诸如交通联系和其他基础设施。其中包括，该地区没有尽端式的区位过时、不同的资产约束性存在于固定的地点、经济发展仍在持续，等等。各种限制性规划措施减少了导致不良竞争的土地和资产供给，加强了地方的竞争优势。因此，在城市与地区层面上应对发展的压力，特别是通过管制土地开发的竞争性供给，能够方便地调控地方在保护方面遇到的压力。为了达到这个目标，需要一种强有力而健全的规划体系和一个活跃的地方资产市场，否则投资者可能根本不会在这个城市投资。在格拉斯哥，城市规划当局的相关政策禁止在城市外围开发居住区，从而推动在老的商业区实施以住宅为导向的振兴。

以资产开发为导向的历史街区振兴也可能被许多与存量土地和建筑无关的因素

所限制，这些因素与用地的区位过时有关，例如人力资源问题、教育与训练问题、地方工业竞争力问题（如技术、生产力与革新能力），以及在重要的基础设施领域的投资，如运输和通信设施等。因此物质方面的更新可能是振兴的必要条件，但不是充分条件。

城市历史街区的经济复兴

当提高历史建筑的质量变得愈发重要时，还必须认识到同时对其加以妥善利用的必要性。大多数（基于资产的）振兴行动致力于从物质方面解决建筑和现有使用者之间的不匹配，但也必须考虑合理地利用这种建筑的问题。对一个地区的资产的物质性振兴将有助于提高人们对这个地区的自信，但维持这种自信则需要经济方面的振兴。这是因为，没有经济方面的改善，物质方面的改善是难以维持下去的。各种历史的形式必须要有相应的使用方式，才能持续不断地为维修和维护这些建筑提供所需的资金。因此，只有对资产进行充分的利用，才能保持更为持久的街区振兴。然而，正如英国产业园区的振兴经验所示，如果将经济发展限定在一个特定的区域中，即使这里有相对自由的环境，也可能会出现问题。在那些需要经济和开发活动的地方就可能更加如此，人们不仅要创造和保持就业机会，更要维护和尊重价值连城的环境。

如果某个地方可用的建筑资产能够得到改善，则如何也能促进使用者对这些资产的需求呢？里普凯马在批评美国的保护政策时，提到几乎所有的保护动机都致力于"维持历史空间的供给，但几乎没有什么有效的行为可以增加对那些建筑空间的需求。实际上只有需求的增长（或者是减少竞争性供应）才能最终增加资产的经济价值。"然而如前所述，我们可以认为，只有改善既定资产的质量，从而降低使用的实际成本，才能刺激市场需求的增长。

城市历史街区常会因相对的区位过时而导致使用率很低，因为其他地区有着相对更强的竞争优势。这种竞争优势可能是多种因素的结果，例如较低的劳动力成本、劳动力技术水平提高较快、更接近市场或原材料产地、先进的组织与生产方式、更接近相关公司的集中地、拥有资产和能力的机构、自然和人工资源，还有城市景观及历史关联性等。为弥补区位过时的缺陷并提高一个地区的经济活力，需要加强该地区相对于其他地区的竞争优势。就人在建筑群中的活动方式而言，改变建筑功能能够促进经济的增长：例如，新的功能或活动取代了先前的功能或活动，这就形成用地的功能性再造。另外一种方法是，保持用地的现状功能但需运作得更为高效或更有利润，这属于用地的功能改善。功能改善必须保持并提高该地区现有工业/就业单位的竞争力。另外，也许还存在一种功能多样性的方法，即对用地实施一种更为克制的结构性调整，使新功能协调并扶持街区现有的经济基础。无论如何，各种方法的目标都是为了提高对利用传统空间的有效需求。

一个街区传统活动的功能改善与其经济基础的功能性再造之间的差别对这个街区的特色有着重要影响。功能性再造要求改变历史街区的各种经济功能。因此，除非建筑是空的，否则功能再造需要对现有功能和用户进行置换。这就是所谓的绅士化过程（gentrification，一译中产阶级化——译者注）。在所有此类案例中，引发变化的动机都是相似的：房产主与地主试图以价值更高的功能和/或能支付更高房租的房客来增加利润或使其利益最大化。所以，街区的物质性升级是不可避免的，而且这样做也可能是有目的的，因为这就开始了一个提高土地价值和房租的动态过程。然而，功能置换有时并非一种理想的方法，因为历史街区的地方感部分源于它原有的功能特征。众所周知的是，在区位条件好的居住区中，低收入的居民为高收入的居民所取代是一种普遍现象。正如福特所认为的的，由于这种置换，新奥尔良的维尔克斯·卡尔目前"已经失去了大部分的地方性商业，充斥着如东京的白尼哈那（Benihana）一类与传统毫无关系的连锁餐厅"。

许多政府部门通过提供就业岗位补贴来抵制绅士化和人口置换过程，因为这一过程会减少传统街区中可供就业的工业和商业建筑面积，而将其转换为其他功能。祖金也注意到，把工业建筑置换为居住功能后，"轻型制造业活动就消失殆尽了。各类仓房（loft）一旦转为居住功能后，就不能再用作机器商店、印刷厂、制衣厂或者模压切割业务等功能。所以，一旦工业仓房转化为住宅，就确认并象征了城市制造中心的消亡"。然而，如果原先的居民与商人同时就是房产主而非房客，那么就无须完全否定这种置换，可以理解这些有产者由于认识到自己财产的价值而可能改变对本地区的一贯态度。各种与特殊城市历史街区有关的专题将在第五、六章中予以进一步的讨论。

创造性增长

积极的振兴措施需要从街区"内部"或"外部"创造经济的增长。在每一种情况下，都有两种不同的途径来提高竞争力：二者"最重要的区别是，其一，提高对劳动力的剥削程度（绝对的剩余价值）；其二，寻求更好的技术和组织方式（相对剩余价值）"（Harvey，1989b，p.45）。例如在 20 世纪 80 年代，诺丁汉莱斯市场街区的服装和纺织企业经受了一次内部重组。在80年代早期，它们主要在价格上开展竞争；到80年代晚期，通过采用良好的技术和组织方式，企业的竞争重点转移到产品的质量方面（见 Crewe 与 Forster，1993a，1993b）。

街区内部的增长是一种以加强地方经济优势为核心的发展：它应对于该地区的区位过时和地方企业及商业竞争力的丧失，以促进地方企业赢得更多利润，并提高对当地环境改造的投资以鼓励对传统空间的内在需求。源自街区内部的增长往往涉及到现有的基础性经济结构的发展及就业机会的保持，其中的关键就是要保持相关企业在当地的发展惯性，以及对地方的承诺与贡献。为此，一些企业通过对本地区进行大量投资——无论是实质性的或象征性的——以缓解遭到搬迁的压力，而另一些则寻求良好的创新环境，通过与周边从事相关行业的企业进行合作来获益。

如果内部增长是不可能的，另一种发展模式是吸引外部投资以及对空间的需求，强化、鼓励并允许在历史街区中形成新的功能。在某些情况下，通过向本地企业提供补贴和其他的鼓励方式，促使这个地区形成规模经济与市场。之后，这里才有望成为一个吸引对特殊经济活动进行投资的场所，而且无需进一步的补贴就能发展下去。一系列单独的（商业或市场）决策在本地区所形成的综合效果可引发该地区的功能性重建。纽约苏荷（SoHo）从一个工业区转变成综合性功能区就是这样一种实例。而在以规划为先导的重建中，要创造出适宜的空间形态以吸引使用者，如同格拉斯哥商业城所做的那样，是供给刺激了需求而不是需求创造了供给。这就需要应对该地区资产存量不足的问题，包括强化地区（物质方面）的优势，如为发展旅游而充分利用物质环境的稀缺性或历史空间，以及强化各种空间关联性与环境特征。同样，重建也可能是以市场或需求为先导的，使建筑空间适应于可能的使用者并根据需要转变功能。这种功能上的变化可能需要也可能不需要正式的规划许可，或即使在技术上不合法而且有所违规，新的功能依然可能得到"容许"，如艺术家对于苏荷原有工业建筑的使用。

显而易见，吸引投资必然会引发城市之间以及城市地区之间的竞争，城市以及城市地区的成败依赖于其竞争能力的强弱。哈维指出这种城市间的竞争会出现在任何一个或者所有4个基本的经济领域。所以，任何一个城市历史街区都需要用这些方式中的至少一种来发展其竞争优势。尽管总的来说，哈维怀疑这种竞争的实际作用，但他仍认为竞争的短期效益在于："在城市地区间的高度竞争，就像公司间的高度竞争，不会把资本主义引回到某种舒适的平衡状态，而是激发出使这种制度远离平衡的各种运动。于是，那些取得较好竞争地位的城市地区生存了下来，至少在短期内，它们的状态要优于那些居于劣势的地区"。在一般性吸引投资的竞争中，往往会出现普遍性的、物质和精神两个方面的城市形象营造与营销运动。由于当前信息系统的灵活性以及运输网络的发展速度与覆盖密度，对企业和商业活动来说，选择恰当的区位已经变得十分方便了。它们可以以便于接近廉价或高质的劳动力来源地为原则选择适合的发展区位。要吸引高质量的雇员，提供高质量的工作和居住环境是非常重要的，而促成这种质量的一个重要因素就是保护。历史街区有着稀有的价值，故而它们为城市空间形象与环境认同感的保持作出了独特的贡献。就一般性城市形象改善而言，历史街区可以构成有魅力的城市形象的一部分，而就旅游的特殊吸引力而言，历史街区本身就是这种吸引力的一部分。

哈维提到的四种竞争领域是：第一，有些地区可能为成为生产中心的地位而竞争。那些占据优势地段的厂家可以在先进的生产技术、良好的生产组织方式或降低单位成本方面展开竞争。这种地区的工业结构对于提高它在国际分工上的地位有决定性的作用。主要以这种方式加入竞争的城市历史街区的发展情况将在第四、六章中予以讨论。第二，有些地区可能为成为消费中心而竞争，如为吸引掌握在个人手中的流动资金而竞争。包括人工与自然环境、历史与文化关联性以及空间场所感等因素在内的特有基础设施对于街区是否能够成为消费中心有着决定性的作用。主要以这种方式参与竞争的城市历史街区的问题将在第四、五章中讨论。第三，为获得政府的资金分配而竞争。相关地区可能为了成为区域性开发区而就某种类型的政府基金的分配额展开竞争。在马萨诸塞州的罗维尔市，市政当局就曾努力寻求并获得了国家城市遗产公园的基金。在一个较小的规模内，几乎所有的街区都接受了一定形式的公共补助金，这些补助金或用于整个街区，或用于街区内的单体建筑。第四，地区可能为了获得地区控制权而展开竞争，包括那些能够施加经济和政治影响的诸多重要功能。然而，这个领域内的竞争是很困难的，因为它是"一个由很难打破的垄断力量所控制的竞技场"。一个实际的例子是，爱丁堡正在努力企图获得金融中心的地位，并有能力对其新城广场现有住宅的功能实施转化。

总结

资产的开发与整治是历史街区振兴的一个必要条件，但还不是充分条件。振兴不只涉及到砖块与灰浆，也不只是房地产。如同各种资产措施一样，振兴需要对街区的经济基础设施与开发给予足够的关注，以促进经济增长并鼓励更好地利用历史建筑。要对一个特殊地段或历史街区注入投资，必然需要一种商业上的理由。各种鼓励措施和其他公共活动时常是投资意愿的重要组成部分。在缺少大规模的公共补助金时，城市历史街区需要保持并确立其作为制造和/或消费中心的地位，尤其需要利用和开发其本身所具有的重要价值：即历史文脉、历史关联性以及场所感。本书的第四、五、六章将通过许多研究案例来讨论这些观点。

3

重新评估城市历史街区的品质

引言

　　本书所提及的许多历史街区，由于被指定为历史保护区或保留区，得以从彻底的再开发及各种道路修建项目中获救。自20世纪60年代起，人们才开始重视城市历史地段和历史街区的优良品质并给予重新评价。与这个过程相类似，直到最近，才出现了一种大众性的支持历史保护的公共舆论。这种舆论起初是相当保守的，而后公众倾向出现了急剧的变化，这种变化本质上是战后大规模再开发和内城道路建设政策的一部分。公众期望改善熟悉的生活环境，但要求保持原来的式样。在这个变化中，具有同样重要意义的是，来自官方和专业方面的积极支持促进了对历史建筑和街区的保护，同时出现了由公众支持的、对历史环境进行系统保护的尝试。随着正统的现代主义开始转向形式繁多的后现代主义，出现了推动保护和保存政策的游说者。因之可以认为，保护思想的抬头与现代主义运动的衰落密切相关。巴尼特说："自所谓的现代主义运动以来，建筑和城市设计领域最重要的变化就是作为其对立面的历史保护运动的出现。"

　　本章将探讨一些观念上的变化，即从全面的再开发和彻底的城市更新转变到历史保护和城市设计。后者对用地现有的物质特性、场所感、历史和文化关联性给予了更多的关注。本章将通过对两个保护项目——西雅图的先驱广场和阿尔伯尼的牧场街区的讨论，说明不同的保护与城市设计的方法。

现代主义：一个新时代

现代主义[1]从一个新的时代中获得灵感和力量，这就是机械和大工业生产的时代。现代主义者的思想核心憧憬于应对新时代的挑战，而他们对时代精神的热情也部分出自于对19世纪历史主义的反感。按照其主要倡导者的观点，"现代建筑将我们从传统形式的沉闷重压下解放出来。但这种自由以新的约束为代价：禁止参照历史，装饰就是罪恶"（Kolb，1990，p87）。

早期现代主义运动与过去彻底决裂的倾向十分明显。这不仅仅表现为美学上的决裂："它甚至发起一种道德上的十字军运动，要求所有的艺术形式都要反映工业时代的'精神'"（Richards，1994，p.33）。它试图强调与过去的不同，而不是过去在现代的延续。所以，现代主义者对新时代的进步与技术潜力有一种狂热的信仰。沃尔特·格罗皮乌斯（Walter Gropius，引自Kolb，1990，p.88）写道："与过去已经决裂，这使我们面对一种新的、与我们生活的这个时代的技术文明相吻合的建筑。历史风格的形态学被摧毁了，我们回归于真诚率直的思想和感觉"。突飞猛进的技术进步需要在19世纪的建筑与变化着的建造技术之间架起一道桥梁，吉迪恩后来甚至用"决裂"一词形容二者之间的关系。当时的确存在一种真实的信念，即认为社会和人类问题在很大程度上是虚假和有缺陷的环境的产物。而现代主义文化的驱动力之一就是以建筑和技术实现社会变革的理想。

在本书中，现代建筑思想最受争议的一点就是其对过去遗产的态度。"现代主义在建筑方面的定义十分明确，尤其是它对传统与历史的敌视"（Kolb，1990，p.3）。我们期望新建筑能以创新的形式来满足20世纪在功能与需求方面的挑战。正如米德尔顿（Middleton，1983，p.730）所阐释的那样："亨利·福特所信奉的名言是，'历史就是垃圾'，格罗皮乌斯在包豪斯也曾表达过类似的观点……但这种对历史粗鲁的排斥态度更像是一种辞令，而非现实；更像是一种辩论而非实践"。不过，争论对于态度和价值观的形成是十分重要的。

现代主义城市空间与形式

科尔布说过，"现代主义既要通过总体规划严格控制城市建设的方方面面，又

1　为了展现对现代主义者在建筑、城市设计和规划方面的评论，我们应当与查尔斯·詹克斯保持一致。我们必须无情地揭示出，"现代主义是一张讽刺画或是一场辩论。这种风俗画的优点是它可以自由地按照自己的好恶避免大众化，漠视所有的异议和深奥的争论。而讽刺画并不是事实的全部"（詹克斯，1977，p.10）。

企图使每幢建筑成为无视周边环境而孤立存在的纪念碑，并且在这种实践之间摇摆不定"。所以，将现代主义城市形式与现代主义建筑分开讨论是很有帮助的。在城市设计与城镇规划方面，现代主义城市空间设计典型地反映出当代的种种问题和挑战。早期现代主义城市规划是对工业革命的影响及19世纪工业城市肮脏、拥堵与高密度这种物质环境的直接反应。很自然地，通过消除拥挤、降低居住密度以及将住宅与工业及其产生的污染分开等一系列措施，成为人们追求更多光线和空气的普遍性解决方案。

在当时，功能分区的理念由于能够有效地将肮脏有害的重工业与住宅建设分开而具有强烈的吸引力。分区理念源于19世纪德国的理论与实践，它同时也是国际现代建筑协会（CIAM）提出的《雅典宪章》中十分重要的一部分。CIAM是20世纪20年代由勒·柯布西耶等人建立的一个建筑论坛，而《雅典宪章》是其1933年的会议报告。但令人难以理解的是，这个CIAM最为知名的文献直到10年后才得以出版。会议的主题是"功能城市"，它提出在城市规划中采取一种以绿带将不同功能区分开的机械的分区方法。功能分区理论之所以可行，是由于新的交通方式的普及。机动车，特别是大量私人汽车的发展，能够把相互分离的区域联系起来。汽车的发展是新时代的一出潜在性戏剧，以及这个时代令人兴奋的事物和强有力的象征：《雅典宪章》欢呼机动车的优越性，而勒·柯布西耶在勾勒他的当代城市时，也生动地描绘出充满汽车的街道图景。更进一步，人们也认识到，将车辆与行人分开处理也是十分必要的。

现代主义者意识到，当代城市对现代社会的挑战未能做出足够彻底的反应，大量的问题暗示"需要进行重大的变革"（雅典宪章，Conrads，1964，p.140）。此外，现代主义规划师和建筑师还认为，当时的城市已不适应机动车和其他机械化运输方式，从而为对城市进行彻底的改造提供了进一步的理由。与此相对应，大规模的再开发成为城市更新的主导方式，而对城市采取局部干预的想法却鲜有提及。其结果是，历史就被当作是通向未来的障碍而加以处置。大部分城市的历史遗产就是这样几乎消失殆尽的：在人们试图以合理化和功能化的方式解决城市问题的时候，它们沦落为社会进步的绊脚石。勒·柯布西耶的巴黎改造规划思想就是试图将他的理想城市模式加之于现有城市之上，为此巴黎需要拆除市中心2平方英里的现有建筑（图3.1）。

现代主义者不仅努力创造出比工业城市的贫民窟更加健康的城市环境，也努力地设计具有更加健康的室内环境的建筑。《雅典宪章》宣示："由居住、工作和游憩这些城市基本功能为目标所营造出的内部空间，必须满足三种最为紧迫的需求：足

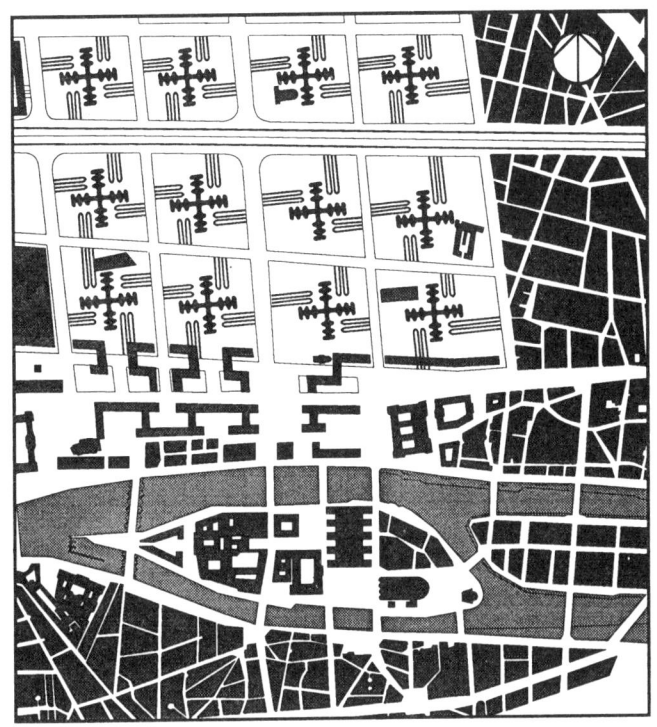

图 3.1

用地分析图：根据勒·柯布西耶的巴黎规划图重绘，清楚地表现出彻底
摧毁历史城市空间肌理的意图。

够的空间、阳光和空气"。获得更多日照和空气的最好途径就是在用地充裕的地方
向上发展，因为能够充分利用新的建造技术和材料的建筑形式是摩天大楼。摩天大
楼的建造为城市创造出全新的景象并展示出城市区域的潜在未来。苏梅森
（Summerson，1949，p.191）在谈到勒·柯布西耶的现代城市时说："不是公园建在
城市中，而是城市建在公园中"。建筑师越来越深入地投身于场地最佳设计和功能
分区的研究中，为的是最大限度地获取阳光和日照，同时最大限度地减小阴影。结
果自然是板式和点式高层的效果超过了低层沿街建筑和联排建筑。

　　在关注更健康的室内环境的同时，人们也在关注单体建筑的功能需求。在单体
建筑设计中，人们对路易斯·沙利文的名言"形式追随功能"存在着明显的误读。
它被认为似乎是对过度形式主义的自然反应，其实沙利文认为，在以适当技术解决
建筑形式问题之前，须对所面临的问题进行一种理性的探讨。遗憾的是它被过分按
照字面意思解释为强调功能与其形式表达之间的一种机械关系。照此解释，它暗示
出决定建筑形式的控制权在于功能。甚至连勒·柯布西耶也强调，建筑的内在功能

决定其外部形式："一座建筑就像一个肥皂泡，只有当里面的空气均匀分布时，肥皂泡才是完美与和谐的。外部是内部的结果"。

于是，许多现代主义建筑仅仅根据其自身的计划和功能要求，以及符合现代建筑逻辑和自我预设的前提进行设计，按重要程度分别考虑采光、通风、卫生、方位、景观、休闲、流动、开放等方面的要求。这使建筑成为以遵循其自身逻辑为主，而非以尊重城市文脉为要务的雕塑或"空间体"（objects in space）。所以这种设计方法在城镇四周空旷地带、公园或大片已清理干净的城市用地中比在已建成的城市环境中更为成功。这种以自我为参照对象的观念与围合布局、立面相互照应的传统方法形成鲜明的对比。上述各种因素互动的结果是形成了城市空间与形式的新观念，传统的、相对低层的街道和广场被舍弃了，人们更倾向于在公园用地或其他开放空间之间布置理性的、通常是矩形的板式和点式建筑。这就形成一种自由流动的城市空间，其特征是外部空间在建筑周围自由流动，而不是被建筑所包围和限定。

现代主义的实践

尽管现代主义城市空间设计理念在第二次世界大战之前就已大体形成，但无论是当时的机遇或政治背景都不允许它大规模地付诸实践。这种形势在1945年后开始变化，英国、德国、法国和许多中、东欧那些曾遭受全面攻击的城市在进行战后重建时，现代主义的设计方案首次获得大规模实践的良机。战后重建所面临的挑战显而易见，这需要公共部门的全力投入。战后的各国政府必须满足公众对充分就业、适当的住房、公共设施及福利机构等方面的需求，这些也都是为建设美好未来所面临的挑战。尽管国与国之间的方法与条件各不相同，但总的趋势是希望战前大量性生产方式与城市规划实践能够成为实现重建与重组的庞大计划的基本方法，其中十分重要的一部分就是城市整体的重建、改造和更新。而这恰是CIAM、勒·柯布西耶和其他现代主义先驱早已提出来的方法。正如哈维所指出的：它不太像是"一种对生产观念施加控制的力量，更像是一种为那些具有实际头脑的工程师、政客、营造商和开发者考虑社会、经济和政治需要而准备的一种理论框架和评判标准"。所以我们看到，一方面战后重建很快就进入到贫民窟清除阶段，这不可避免地需要对城市整体更新的乌托邦概念进行缩减，更多地以城市局部干预的方法适应现有的城市问题。另一方面，尽管现有城镇不可能被完全拆除，大规模的综合性开发还是一种比修缮和整治方式更受欢迎的城市建设模式。

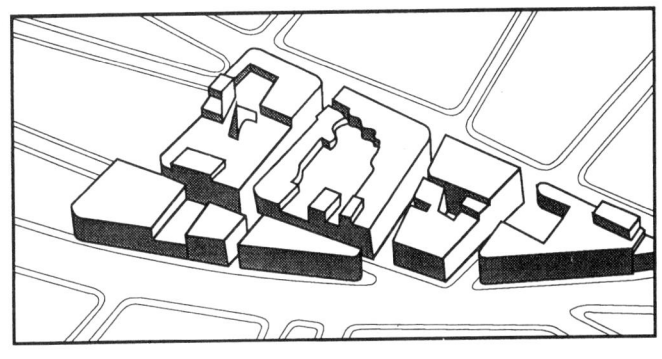

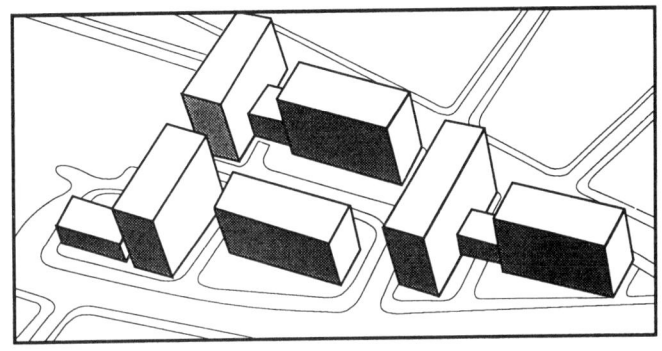

图 3.2 和图 3.3
图解说明：物质形态的变化是城市再开发的结果。再开发对以前的城市
形态进行了重大的实质性改善。大规模地采用开放布局的板式和塔式街
区再开发使得综合性和灵活性的规划思想成为现实：清晰而高效的道路
交通、适当的停车场、所有房间具有良好的日照和通风、改善隔声效果、
各个方位都享有开放空间等（据原图重绘）。

　　重建也为以更好的物质条件改造城市创造了机会，这种再开发显然促进了对早
期城市形态实施重大的物质性改善，因为许多这类地区已经显现出物质和功能上的
过时状态。大规模采用开放布局的板式或塔式街区再开发项目使得综合性和灵活性
的规划思想成为现实：清晰而高效的道路交通、适当的停车场、所有房间都具有良
好的日照和通风、改善隔声效果、各个方位都享有开放空间等（图 3.2 和图 3.3）。其
实，许多类似的改善完全可以通过整治、修缮、有选择地拆除和插建等方式达到目
的。这样做还可以获得大量的公众支持等额外好处，但当时后一种做法还未得到充
分的认可，相关研究也尚未展开。

　　战后人们对城市规划以及对物质环境进行干预的态度在 20 世纪 50 年代和 60 年
代发生了重大的变化，由此而产生的城市政策就是贫民窟清除和综合性再开发，这
些政策因道路修建计划而得到加强。战后城市环境发生变化的主要原因是私人小汽

车的增加，所以当时最重大的挑战是在城市中建造汽车停车场。通过各种重要的城市规划，使城市结构得以彻底改造，以满足现代商业活动的要求，其中包括高效的车行道系统。

借助于高效而有力的规划法规体系，第二次世界大战后为适应汽车时代，修建了许多穿越现有城镇的快速车道和其他改善交通的设施。在20世纪50和60年代，大量人口移居到更远的郊区，内城区的道路建设必须设法满足日益增长的从郊区到市中心的交通需求，以至于拉文茨（Ravetz，1985，p.82）认为，20世纪60年代的大部分城市规划实质上就是道路交通规划。那个时候，许多部门都规划和建造了大型项目，但其中很多都缺乏相互之间的关联性和/或成为烂尾楼，甚至这种建设只对街区形成了局部改善，反而导致更多的空间混乱。

本书所提到的许多历史街区的未来都受到内城道路修建计划而非贫民窟清除计划的威胁。在规划新的道路时，似乎更为合乎逻辑的做法是让它们穿越那些已经过时和陈旧的城市区域，而不是穿越更加现代化的区域。例如在诺丁汉，圣母玛丽亚大道（Maid Marian Way）切入城市的历史地段，将城堡和传统商业区一分为二（图3.4）。另一案例是修建了一条交通性干道穿过该市历史上著名的莱斯市场街区的中心。

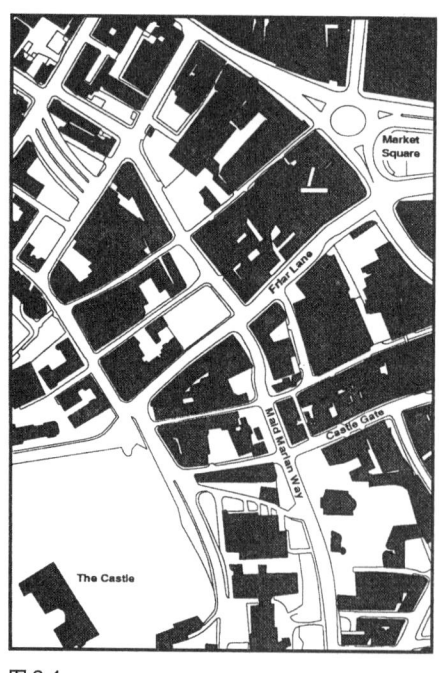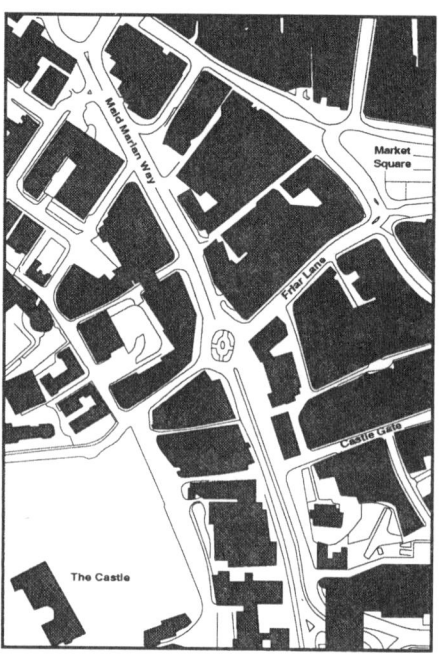

图3.4

诺丁汉圣母玛丽亚大道建设前后的状况。道路切入城市的历史地段，将城堡和传统商业区一分为二。

综合性再开发和大规模的道路建设计划可能要么是最糟糕的一种城市更新方式，要么是城市经济的救命稻草。正如一位不知名的美国步兵军官在越南所宣称的："为了拯救那座村庄，我们必须毁掉它"。尽管如此规模的城市变革通常是一个痛苦的过程，在战后初期的大部分时间，对许多内城地区社会人文网络的破坏以及较差的工人阶级居住区的拆除都被人们坦然地接受了。然而到了20世纪60年代中期，由于邻里与宝贵的生活环境被破坏所引发的社会反响越来越强烈，最终演变成为经常性的和普遍性的公众抗议活动。

不过哈维也指出，"将战后城市开发与再开发过程中进退维谷的'现代主义'解决方案说成是彻底的失败是错误的和有失公允的"。在欧洲，遭受战争破坏的城市迅速得到了重建，人们的居住条件甚至比两次世界大战之间更好。与对现代主义的批判相比，哈维对资本主义的批判更为尖锐："它是彻头彻尾的错误……，将战后城市开发的诟病完全推到现代主义运动的头上，而根本无视战后城市化进程所依赖的政治经济条件。"

保护主义者的反应

自20世纪60年代初始，欧洲和美国对大规模的综合性再开发及其所引发的社会分裂开始出现反思。诸如简·雅各布斯的《美国大城市的生与死》(Jane Jacobs, The Death and Life of Great American Cities, 1961) 和赫伯特·甘斯的《都市村民》(Herbert Gans, The Urban Villagers)。这些著作"告诫实践者们应更加注意多样的、更小规模的街区建设规划，并更深入地领会现有邻里组织的迷人之处及功能合理性"(Birch和Roby, 1984, p.200)。尤其是在美国，马丁·安德森的《联邦推土机》(Martin Anderson, The Federal Bulldozer, 1964) 一书为规划师们提供了清除策略失败的例证："因大规模拆除的高成本与低效率，他呼吁应当废除整个拆除计划"(Birch和Roby, 1984, p.200)。布朗·莫顿三世生动地叙述道："在推土机肆无忌惮地扫平城市和乡村景观时，我们那么多文化遗产的临终哀鸣终于唤起了公众对美国历史、名胜、各种历史遗迹、历史格调和历史活动的关注。"

为什么现代主义运动中的城市空间与形式观念会走入歧途呢？综合性再开发、大规模拆除以及道路建设计划是显而易见的问题，但城市活力的丧失在很大程度上是由于有意识和有计划的城市功能分区造成的。再开发过程对于小企业和小型商业活动具有严重的破坏性，其后果也会产生致命的缺陷。大规模的、相对单纯的街区建设不可避免地会使土地的使用模式简单化，它取消了原先的"角落"和"缝隙"

空间,这些能容纳经济功能不强但为街区带来活力与多种吸引力的社会性活动场所。而且这种开发也会瓦解生活和交往的历史模式,所以简·雅各布斯具有开创意义的《美国大城市的生与死》一书,其副标题"城镇规划的失败"用语尤为恰当。她认为一系列不同类型与时代背景建筑形成的混合状态,加之以不同的租用方式,对于城市生活的正常开展至为关键。

长期以来对僵化的城市分区方法一直存在很多批评。简·雅各布斯认为,邻里的成功在很大程度上依赖于各种活动和空间的重叠与混杂。亚历山大(Alexander, 1965)在其名著《城市不是一棵树》中谈到,就城市来说"半格网"(semi-lattice)结构胜过"树"形结构:"树"形会导致僵化的分区,但"半格网"包含复杂的重叠、同化与融合关系。其后,莱昂·克里尔(Leon Krier 1984)也批评单一功能"过分集中化"的问题:"主要的现代建筑类型及规划模式如摩天大楼、推土机、中央商务区(CBD)、商业街、办公区、城郊住宅区等,一成不变地都是功能单一、水平或垂直地集中在一个城市区域,由一个建设计划所控制或一次建成"。克里尔用"好的城市"与之相对比,在这种城市中,"全部的城市功能"都处在"和谐而令人愉悦的步行距离之内"。

西方当代或"后工业"的城市已经丧失了某些传统功能,但同时又获得了一些新的功能。前工业时代城市是农业社会——第一产业的服务中心;工业城市的建造与控制取决于第二产业以及与之相关的服务活动;而后工业时代的城市则主要是第三产业的中心,为城市自身以及世界上其他实施工业迁移的地区提供服务。这些服务又发展出新的第三产业,而后者继而进一步推动了城市空间的功能混合。这一发展趋势使现代主义规划师为隔离不受欢迎的工业而提倡的城市分区方式变得多余了。

功能混合也会减少不同街区之间的交通量。不过,一旦停止了内环交通,欧洲各个城市古老的街道系统就变得愈加车满为患。在城市中心区,人们花了很长时间才意识到应适当地将综合交通与土地利用策略整合起来,这些策略包括通过各种步行化和降低交通量的技术等,使机动车更好地为城市所接受。现在,普遍性的做法是在步行优先和舒适化的前提下,为汽车交通提供方便。另外,越来越多的城市也在考虑重新引入公共交通。

随着全球经济的持续增长以及国际资本主义的重构,自20世纪70年代初以后,反工业化趋势在许多西方城市中更加明显。而且,1973年的石油危机改变了人们对利用稀缺资源的看法,更加注重资源管理,包括各种人为环境资源,于是郊区化扩展的步伐和速度受到控制。最终,持续高涨的环境保护主义的社会思潮促使官方作出停止将综合性再开发继续作为城市规划政策的决定,这预示着一个历史性转折的到来以及城市规划观念与城市形态全面向后现代过渡的开始。

后现代的反应

直到工业革命时,除了自然力量或战争所造成的大规模破坏以外,城市结构的变化十分缓慢。世代相传的人们能从其物质环境中获得一种连续感和稳定感。不过,在城市逐渐的进化过程中,也出现过大破坏的情况。其中之一就是产生于19世纪和20世纪初欧洲城市中的工业革命。另一个就是在第二次世界大战后的欧洲和美国城市中,现代主义者对工业革命的反应。在这种情形下,拆除和更新周期的频率与规模都会急剧地加速。阿什沃思和特布里奇说,"一代人对新住宅、新工业和新基础设施几乎压倒一切的需要,突然中断了长久以来连续不断的城市物质结构的演变过程。为了一个'伟大的新世界',人们抛弃了历史及其价值,为了创造这个新世界,就需毁灭以前所有的建筑成果。"

在这种情况下,出现了两种相关的主要反应:第一,出现了对"传统城市"广泛而深入的新的理解;第二,出现了使现有的和熟悉的生活环境保持不变的愿望。人们认识到,传统街道与各种传统城市形式的社会价值要高于根据现代主义原理所设计的环境,简·雅各布斯是最早强调这一观点的人之一。

后现代的城市空间设计

大多数后现代城市空间设计方法都与现代主义对待历史和传统的态度恰恰相反,对传统城市的发展过程及其典型案例表现出更多的欣赏态度。这种相反的态度显示出对"传统"城市的品质与水准持一种新的观点。许多城市设计理论家和实践者重温工业革命以前城市变革时期的意象,并深受其影响。这也就是18世纪——即人所共知的欧洲城市复兴的那个时期,那时的城市才第一次开始铺砌街道和广场。传统的影响可以分为"反喻的"和"严肃的"等不同方式,按照查尔斯·詹克斯(1986年)的说法,反喻"是后现代主义最重要的设计手法"。

科林·罗(Colin Rowe)和弗雷德·科特(Fred Koetter)是第一批对现代主义城市空间理论进行批判的人之一,其文章首先发表在《建筑评论》(*Architectural Review*,1975)上,接着《拼贴城市》(*Collage City*,1978)一书出版。科林·罗和弗雷德·科特把现代主义城市的空间问题解释为"实体"和"肌理"的相互分离。这种实体是一种自由矗立于空间中的雕塑式建筑。而肌理则是其背景,是建筑形式得以持续发展的空间基质,它通过街巷廊道、墙体及广场确定空间的界面。而对科林·罗和弗雷德·科特来说,至于是将建筑置于空间之中或是空间由建筑围合而成,

图 3.5
1943年伯明翰珠宝街区再开发计划的艺术表现,将一系列行列式厂房组合于一个规整的花园中。

他们并不偏好其中哪一种,而是将两者同等对待。因为实体与空间乃一对辩证关系,"建筑与空间在一场持续的争论中平等共存"(Rowe 和 Koetter,1978,p.83)。这种争论认为,"传统城市具有明显的优点:有力而连续的空间基质或肌理为互惠的环境与特殊空间提供活力,为保证连续不断的广场和街道……[提供]……某种清晰的结构"。

许多单体现代建筑和开发项目所缺乏的,是对外部环境,通常是历史文脉的积极反应。所有的建筑都是空间中的实体,不存在限定空间的文脉。随着以自我为中心的开发项目越来越多,城市逐渐失去其空间的连贯性,变成一堆"杂乱无章"、相互竞争、彼此孤立的纪念碑和一个个为道路所环绕的建筑群。

当代对于我们的挑战就是修复街道和整治广场空间秩序。所以,自科林·罗和科特对现代主义的批评开始,人们又重新对传统城市产生了兴趣:城市的街道、广场和街区,其质量和规模使得空间实体及其肌理之间的对比十分清晰,这是长期以来对城市空间物质形态进行优化选择的结果。于是,由高层板式和点式建筑构成的理想城市模式被抛弃,而组织起城市街道与广场的低层街区受到青睐。如果将1943年编制的伯明翰珠宝街区再开发计划与1990年重新编制的规划比较一番,可以生动地显示出从现代主义到后现代主义理想城市模式的种种变化(图3.5和图3.6)。

如上所述,历史主义对许多当代城市理论家多多少少有着一种普遍性的影响。克罗斯(Cross,引自 Gosling 和 Maitland,1984)曾说过:"一般的工作模式是,大批专家常年在数据和工作的包围中,企图把一座现代城市特有的混乱整理得井然有

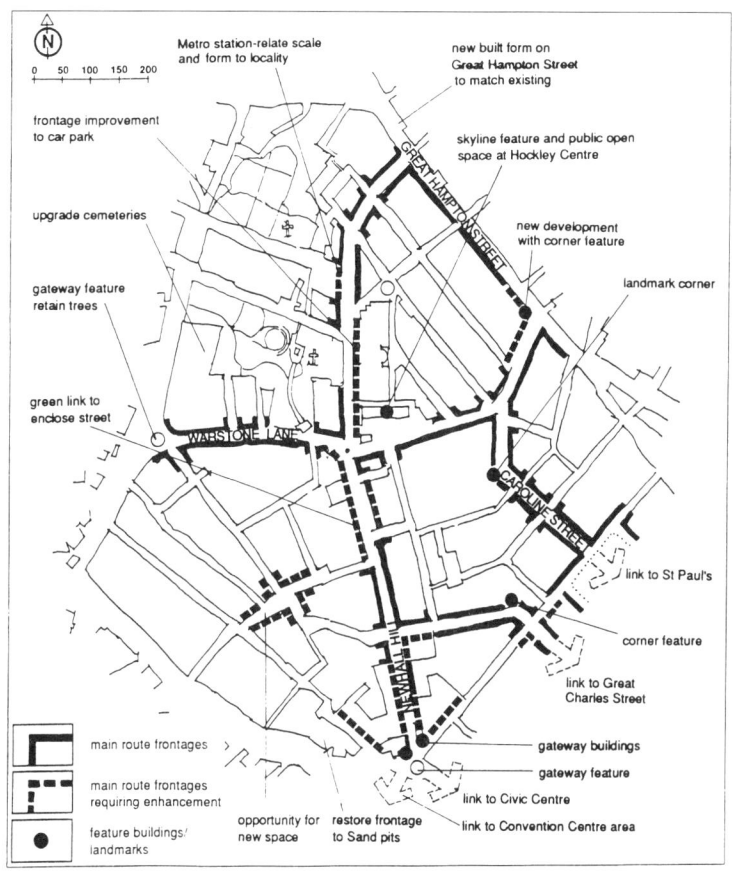

图 3.6

与图 3.5 进行比较：1990 年伯明翰城市中心设计策略提出对同一地块所做的城市设计，表现出一种"城市复原"的态度。

序。与之相对应，新的方法是应该回归传统，对过去的城市体系与模式加以重新利用。通过对传统城市体系的重新理解，就有可能很快提出新的城市模式，或者采取更为令人信服的措施，对旧城进行干预"。这种思想与新理性主义的观点类似，后者是因阿尔多·罗西（Aldo Rossi）的《城市的建筑》（*The Architecture of the City*）（1982 年）一书而兴起的一种思潮。作为一种思潮，新理性主义将城市理解为一种人工产品，认为这正是城市的历史本源并从中汲取灵感。新理性主义相信过去与现代之间不存在什么鸿沟，而这正是现代主义运动所一贯强调的。它提出传统处于一种连续变化的观点，建筑据此自发地对街道、广场和城市街区内在的类型学法则作出回应。所以，梅特兰（Maitland，1984，p.5）认为："历史中的城市以独特和不可预测的方式……为当代行为提供了主题和灵感"。

　　城市中持久不变的形式最直接的来源即城市本身。在设计中，对业已存在的形式熟视无睹，认为它们对解决城市问题毫无意义是不正确的，相反，它们由各种有机体混合而成，提供了许多有效的一般性建筑模式。这些传统模式无需重新发明，只需进行合理的再利用。在城市层面中，可供利用的模式包括街区、街坊以及其他多种城市空间形式如街巷、大道，广场、拱廊和柱廊等。罗伯·克利尔在他的《城市空间》一书中收集了各种形式的广场案例，这是对城市设计的一项形式上的研究，它基于城市形式的想像和理想，而不是从经济和社会方面加以论证。阿普尔亚德（Appleyard，1979，p.21）批评说，以这种方式形成的城市设计看起来像18和19世纪的城市，"除去形式分类以外就没有什么了"。他认为这种方法所缺乏的"似乎是对城市物质形态、日常生活和居民之间互动关系的特别关注"。同样，麦科马克（MacCormac，1984，p.46）也批评这种倾向"沉溺于城市的形式构成中，没有探求能够使这些形式充满活力的行为方式，因为只有如此才能营造出有生命的场所"。

　　的确，许多人对过分的历史主义方法心存疑虑，瑞德（Read，1982）警告说，"我们现在已能洞悉现代主义运动的理想观念，认清它的局限性。更为重要的是，尽管这些改革者对问题的解决程度有限，但这些问题都是实实在在的。也许现在摈弃他们在应对工业城市问题时所发展出的空间形式可能是明智的，然而我们也应当清楚，这些问题不是简单地以回归到前工业时代的城市空间形态的方式就能解决的。"在这方面，质疑传统城市在多大程度上能够作为一个适当的先例是合理的，因为它不需要面对现代化发展所产生的情况，如汽车的普及和现代建造技术，尽管这些技术有其自身的缺点，但它们都是现代主义功能城市所具备的。现代主义者试图重新以功能第一的原则和特殊的社会视角衍生出高效而合理的城市形式，但最终这种社会视角及其空间形式还是过于单纯和简单化了。现在，后现代主义者认同传统的城市形式是一种历史演变的结果。然而他们忽视了这种过程因大规模的工业革命而停顿下来，也忽视了其后200年技术的迅猛发展。后现代主义者对传统城市那种能够矫枉过正的和浪漫的想像也经常是简单化的，是对现代城市生活的过度简化。

　　同样，尽管许多关于现代城市设计的争论集中于传统城市空间组织方法和城市形式的物质意义上，但现代城市设计绝不局限于公共领域的空间定义，这一点十分重要。现代城市设计关注的是场所营造（place making）、强化城市公共领域以及促进城市环境更加以人为本。同样十分重要的是，所谓公共领域既包含一种物质形态，同时也是一种社会的组织结构。所以，不仅需要对物质性公共领域进行空间上的限定，更需要由人赋予其活力。这是因为，空间（space）只有经过人的使用，才能成为场所（place）。这个问题将在第八章中作进一步讨论。

保护与整治

新的城市空间设计从传统城市空间中吸取经验是很重要的,但更重要的是对现有环境保存和保护的关注。第一次制定保护政策的浪潮只是关注于保护单体建筑和构筑物。在许多国家,保护历史遗迹、单体建筑和其他构筑物的政策起源于19世纪。这种保护大部分是零散的和个别的。第一次试图全面地记录和保护使用中的历史建筑始于第二次世界大战中的英国,1944年的城镇规划法案引入了历史建筑名录的概念。1947年的城镇规划法案调整了部长的权利,使编制历史建筑名录成为其法定职责。而房产主无权反对将自己的建筑列入名录,国家对此也不提供补偿金。该法案给予历史建筑或有价值的建筑以法律保护[2]。尽管人们很快就明白,仅仅保护单体建筑还很不够,但英国还是花了20余年的时间才发展到对地区的保护,这真是令人不可思议。

20世纪60年代以前就已经明显地出现了认同传统环境价值的趋势,这显示出人们对现代主义环境景观的反感态度,于是更加关注建成环境的品质、文化和历史特质之间的关联性。这极大地鼓舞了保护主义者,出于环境保护的原因,他们提防、反对和阻止任何变化的发生。同时,在住宅区中,居民对改造整治的兴趣远远超过了对拆除的兴趣。人们之所以热衷于对住宅进行改造、修复而不是大拆大建,其实自有其经济方面的考虑。这一点在英国的规划政策中也反映出来,比如1968年引入的综合改善区(General Improvement Areas)概念,以及1974年提出的住宅改善区(Housing Action Areas)概念都突出了保护意识。这些地区的住宅均被保护起来,即使它们缺乏内在的美学品质,但具有一定的经济和社会意义。以私人的角度看,整个20世纪60和70年代,在一场对内城区的保护与改造浪潮中,人们认识到传统住宅的价值,它们因而逃脱了被铲除的命运,并且这种兴趣很快就扩展到更多的商业区中。

正如在第一章所描述的,基于街区的保护政策于20世纪60年代出现在大部分发达国家。在英国历史街区保护的文献中,1963年关于城镇交通的布坎南(Buchanan)报告具有早期的意义。尽管作者只是试图把报告作为吸引人们关注交通与环境问题的抛砖之作,它还是被普遍看作是治理机动车交通对城市破坏的一剂良药。这份报告之后,人们开始越来越重视城镇历史核心所面临的威胁。1966年,另外一份政府报告《历史城镇及规划过程》为划定保护区奠定了良好的政治基础,到1967年,住宅与地方政府部的一份报告《保护与变化》提倡关注"地区的整体物

---

2 1969年完成的第一次调查表明,对大约12万栋建筑给予了法律保护,现在有近50万栋建筑被列入保护名录。

质结构"。它还强调对具有建筑和历史价值的地区的保护应该与城市的发展变化相协调。同年，一个得到政府支持的无公职议员的提案最终成为《城市公益设施法案》，该法案正式采用了保护区的概念。因为对拆除的控制是有效保护的前提条件，所以，自20世纪70年代早期以来，获得保护区地位的主要好处之一就是，区内所有建筑的拆除都必须有规划许可[3]。

在美国，基于街区的保护在第二次世界大战之前就出现了。1931年，南卡罗来纳州的查尔斯顿市（Charleston，South Carolina）在城市的一个街区中创建了一个名为Battery的保护区。通过把Battery指定为一个"古代历史保护区"，史无前例地限制了私房主对其房产可能进行的改造。慕尔塔夫（Murtagh，1992，p.51）评论道，创建此类"非博物馆环境"已成为一种合法的保护方法。不过，从联邦政府的层面上看，在建立历史保护运动中最有意义的事件是1966年发表的一篇雄辩有力的宣言：《拥有如此丰富的遗产》，它是由美国市长联盟和历史保护国家信托基金发布的。库林沃斯（Cullingworth，1992，p.67）描述它"十分中肯、引人注目且令人信服"。同年还实施了国家历史保护法案，创立了关于历史保护和全国历史保护区登录的国家咨询委员会。

最早获得成功的保护案例多是大型的建筑综合体，其产权集中在相对少数的几个人手中。它们是建筑综合体而不是保护区，例如旧金山的Ghirardhelli广场。该广场的首期项目于1964年向公众开放，毗邻的罐头工厂——一组改造过的红砖建筑综合体——于1968年开张。无论是设计或在区位方面，Ghirardhelli广场都与郊区的购物中心有很大的不同。该综合体由一组工业建筑所组成，包括一家巧克力厂、一家芥茉厂、一家毛纺厂和一家重建的制箱工厂，它们通过一些院子相互联系。福特对其评价道，"综合体的空间组织更像一座神秘的中世纪城市，而不像一个标准的购物中心"。这种性质的节日购物中心是基于一种历史保护的概念而发展起来的，紧随其后的有20世纪70年代末的波士顿昆西市场（图1.7和图7.3）。稍晚一些的案例还有1980年完成的伦敦考文特花园市场建筑群（图1.3）。

案例研究

尽管公众和专家在支持遗产保存与保护方面的观点完全一致，但完成后的街区改善与振兴的项目却鲜有完全成功的例子。下文描述了在美国西雅图和奥尔巴尼两

3　20世纪90年代早期以前，只有列入名录中的建筑才受到如此保护。一般来说，由于建筑拆除不被视为开发项目，所以无需规划许可。直到1991年，英国所有的建筑拆除工作，无论其是否在保护区内，都需得到规划许可。

个城市中基于街区而非建筑综合体的振兴项目差别悬殊的经历。这些实例反映出自改变现代主义拆除与再开发模式之后所产生的一系列更为复杂的问题。

华盛顿州西雅图市，先驱广场

据当时的西雅图市市长乌尔曼介绍，在决定拆除或改造先驱广场周围的历史街区时，人们的思想十分明确："西雅图市选择了后者，不仅是因为这里经济活跃，还可使市民从中获得心理和精神方面的享受。先驱广场的复兴为城市保留了这份辉煌的遗产，并且宣示现在的西雅图依然坚守着同样的精神与承诺"。西雅图先驱广场街区在其后的保护过程中也比较成功。该街区位于西雅图CBD南侧，拥有25个街坊。1889年，一场灾难性的大火摧毁了商业区的核心部分，其后经过历时五年的大规模重建才形成现在这个局面（图3.7）。这段集中重建期使街区呈现出一种富有特色的建筑同质性。

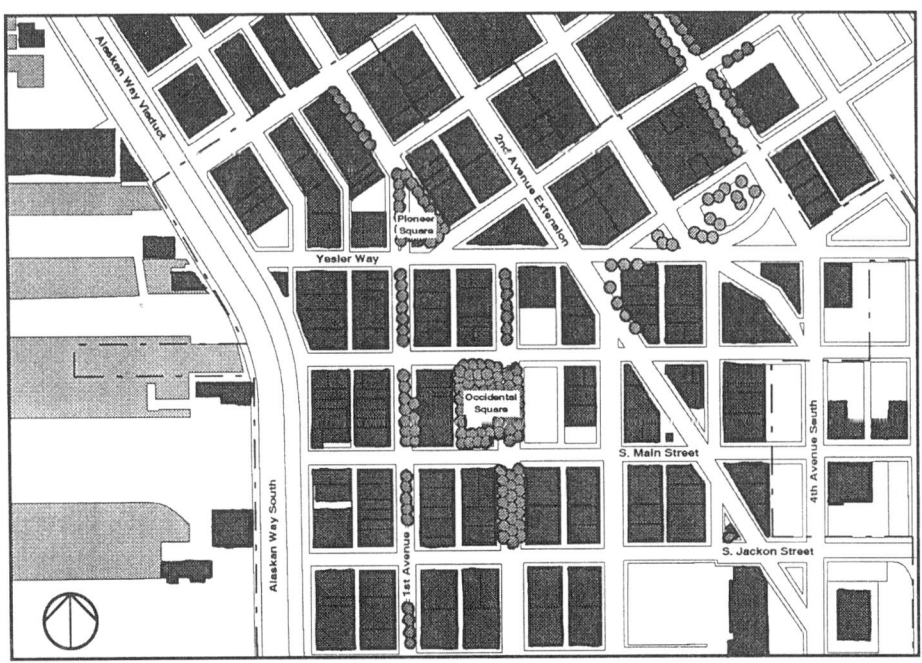

图 3.7
先驱广场平面。图中所示为街区的核心部分。所划定的历史街区沿第一大道向南延伸到Kingdome运动场。

先驱广场在克朗代克流域的淘金潮（Klondike Gold Rush）期间达到全盛[4]。到了20世纪，西雅图的CBD逐渐从这里向内陆地区发展，至20世纪60年代早期，先驱广场街区衰落了，成为福特所说"城市废弃区"的一个典型实例。当时酝酿中的规划拟拆除大部分街坊，从而为投机性的开发扫清道路，为此需要毁掉75%的历史建筑（Skolnik，1976，p.15）。这些因衰退——亦即官方的过时——而产生的典型问题以及随之而来的拆除（redlining）和废弃的倾向日益明显。随着办公功能迁至附近的CBD区域，这里的商店和居民数量直线下降，而旅馆出于安全问题不得不关门大吉。由于缺乏有效的用于建筑维护和抵押的贷款，这阻止了人们对更新产生任何兴趣。更有甚者，在这25个街坊内的犯罪率竟然超过城市总犯罪率的15%，继而凸显了它地处商业区但却是贫困潦倒的城市形象。

正如早期所提到的，这种衰退的直接后果导致先驱广场未经修复的办公楼的价格直线下降，所以到20世纪60年代中期，私人投资者能够以极低廉的价格购置整栋建筑。这时，受到持续增长的利益驱动以及成功的历史保护案例的鼓舞，一些建筑师开始对先驱广场街区感兴趣，他们收购并整治传统建筑。以低成本获得建筑意味着即使在整治以后，空间利用成本也很便宜（见Black，1976，他对此有更详细的叙述）。这些建筑师的动机不仅是为了保护，还获得机会以一栋示范性办公楼来展示他们的修复技巧。

穿越街区"地下室凹地"的"西雅图地下之旅"也激起了公众对先驱广场历史特性的意识。这一地区在19世纪末重建时曾抬高了街道的地平面。位于新人行道地平面以下的地下室凹地在当时是很有用的空间。在先驱广场大约有一半的人行道具有这类特征。

前面曾经提过，在20世纪60年代末期通过全面再开发方式来更新城市的热情减退了，而历史保护的兴趣增加了。因此，先驱广场的局面才得以改观。1971年，西雅图市宣布这个地区为历史街区，从此这里不再会受到清除计划的威胁。这是华盛顿州出现的第一个此类法定条例。这项条例极为重要，它确保了这个街区仅存的历史空间免遭其被改造为一个大型停车场的厄运。重要的历史建筑不再会被贫民区的地主们因急需资金而拆除。这一条例还建立了一个建筑审查委员会，任何改变街区建筑外观的行为都必须事先得到委员会的批准。在对条例的讨论中，"反对意见通常来自商业团体，商人们认为该条例保护了落后的一面，如此一来就限制了房产

---

4   克朗代克是加拿大的一个地区，在阿拉斯加正东方。克朗代克河流经此地区，流程90英里（约145km）。1896年8月这里发现金矿，引发了1897~1898年的淘金热，有超过25000人在冰冻的北方寻求他们的财富，这个地区现在仍有少量的金矿。

的开发和城市中心的发展"（Skolnik，1976，p.15）。实际上，这一保护性条例保护
了地区资产的综合性价值。查普曼（Chapman，1976，p.10）评论说，"这些法规帮
助了各种商业团体，它向投资者保证，给予一个地块以一种有品位的修复，不会因
为邻近地块的飞速发展而贬值或降低品质……。保护控制其实等于对早期的再开发
设置了一种额外的保险，使得严谨的修复成为必然。而回馈那些在历史街区勇于开
拓的业主们的方法是，使他们在不断增值的房产上获取最大收益"。

　　至20世纪70年代早期，由于历史街区保护条例的保障，银行更愿意对该地区发
放贷款。到1973年，历史街区的保护范围扩大了——几乎是街区本身范围的两倍——
因此设立了一些针对街区土地利用的附加性控制条款。1974年，为了制止因疏漏而导
致的拆除，通过了一项"最低限度维护条例"。该条例要求，当一座历史建筑损坏到影
响其安全或处于濒危状态时，建筑管理部门就须启动工作程序进行保护。这是美国的
第二个此类条例，第一个曾在新奥尔良 Vieex Carre 街区的保护中发挥了作用。

　　先驱广场历史街区最初的保护行动大部分是由私人部门引导的，并集中于单体
建筑的保护方面上。为了保证街区的基础设施得到改善并维护良好，要求不同的城
市管理部门如给排水、照明和市政工程等能够协调一致，为此任命了一个地区事务
主管。第一任地区事务主管亚瑟·斯哥尼克（1976年）说过："城市的基本政策是，

图3.8
西雅图先驱广场。广场最初的物质改进部分，小型的用鹅卵石铺成的城市公园，进一步增强了街区的吸引力。

不与私人部门在先驱广场展开竞争,而是专注于自身的本职工作:维护街道、人行道,以及所有需要得到改善的公共场所"(Skolnik,1976年,p.15)。因此,公共部门的各种行为均以街区的需求为出发点,城市主管机构对街区的公共空间采取了不同的改进措施。街道经过重新铺设,建造了两个新的由联邦政府提供基金的城市公园:西部广场和先驱广场(图3.8)。它们两个都是小型的用鹅卵石铺成的城市公园,进一步增强了街区的吸引力。另一项联邦政府资助项目则是开辟了一条绿树成荫的步行大道,沿着西部大道还附设有户外餐馆和咖啡店。这条林荫道吸引了许多公共活动,远远超出了原先的设想。例如,艺术家们在这里展示和出售他们的作品。交通安全岛上也种植了悬铃木,它们一直延伸到街区中心的主要大街和建筑走廊,即第一大道上。城市交通工程师们"对于将一条城市主干道降级为次级道路的构想感到震惊"。尽管他们竭力反对,这个决定最终还是得以实现。

　　一旦意识到先驱广场的确值得进行整治,建筑管理部门在诠释法规时就变得更加灵活:即旧建筑不必完全达到法定标准,只要保证安全即可。这个政策有助于减少建筑受到法律上的过时的影响,使它们重焕活力。现在人们认为,一种渐进改善的政策在确保建筑安全方面比那些僵化的法规要求更富有成效,后者往往会导致投资的缺乏,甚至使建筑遭到废弃。所以,建筑管理部门试图顺应——而不是反对——业主在建筑修复上的兴趣。比如,鼓励业主们一起工作,同时修复几座建筑,以便共享支撑结构、消防梯和出入口等。到20世纪70年代末,人们已经修复了80座建筑物,并且这里的租金持续上涨。

　　还有一项慎重的政策就是通过认真的规划,将城市中心区的不同区域联系起来。为增强先驱广场的可达性,政府开辟了一个称为"魔毯之旅"的穿越商业区的免费公交系统,意在鼓励商务中心(CBD)的工作人员能到先驱广场去吃午饭或在一天中抽空到那里的书店里浏览一番。20世纪70年代中期,一个用于职业橄榄球、篮球和棒球比赛的大型运动场"穹窿王"(Kingdome)的开发进一步推动了先驱广场的振兴。"穹窿王"建于一条原先的铁路和工业区之间,紧临历史街区南部。福特描述说:"球迷们很可能先在先驱广场吃午饭,而后看一场比赛,最后又回到先驱广场吃晚饭和听音乐。在体育场和贫民区之间发展出一种共生的关系,它鼓励人们早早地来到这里,逗留到比赛之后,有助于减轻交通堵塞。"

　　到20世纪70年代中叶,这个街区的经济命运已经改观。区内的雇员从1970年的1000人增长到1976年的6000人,其中超过1000人的雇佣量是由修复工作本身创造的,它们产生的大量低技术岗位养活了这里的居民:"随着建筑物逐渐达到充分使用状态,税收额在三年里增长了450%,而该地区的税收总额(包括营业税)增长了1000%。超过150个新企业在先驱广场落户，其中的75%来自外埠。所有这些都支持了20世纪70年代早期经济严重衰退的西雅图市的复苏。

这个地区在20世纪80年代遭到经济动荡的冲击，直到90年代早期，几乎没有什么公共设施得到改善。自90年代初开始，西雅图市通过对现有公共设施的整治，以及一系列加强地区形象和特征的空间与环境方面的改善，又重新获得了振兴的动力（西雅图城，1990年）。在一揽子新的措施中，政府制订了一套"标志性建筑导则"用来规范那些强化这个地区特性的元素，例如街道小品、隔离桩、照明标准和铺路方案（包括特殊的道路交叉口处理、铺地以及新设计的街区标志等）。另有一系列街区"出入口导则"，侧重六个重要的出入口的建设，来强化进入历史性街区的感觉。还有另外一些政策用以提高这个街区的入住率并使其多样化。

牧场街区，纽约奥尔巴尼

尽管西雅图市为人们树立了一个典范，但仍有许多有着良好意愿的振兴方案却命运不济。纽约奥尔巴尼的牧场就是这样的一个案例：原本针对街区的保护和振兴规划不仅遭到误解，在实施的时候又被人肆意篡改。20世纪70年代初，奥尔巴尼市试图保护和振兴这一地区。作为这个城市最古老的街区之一，牧场街区坐落在闹市区的南端，距哈得孙河不远。这条水道在19世纪曾使奥尔巴尼创造出商业奇迹。"牧场"是一个包含13个街坊的历史街区，兼有居住和商业功能。

20世纪50到60年代，尽管处于衰落期，并且按照"城市更新"的标准这里已算是一个"贫民窟"，但街区仍保持了社会结构和族群的完整性。不过到20世纪70年代，这个街区已经日益衰败，急需改善。由于认识到建筑的价值及其历史特性，同时也对保护产生了新的兴趣，奥尔巴尼城市更新署开始着手制定保护和振兴策略。政府的意图是打算让一个单独的开发商负责整个街区的整治，所以首要措施就是获取全部用地和建筑的产权。为了促进街区的综合整治，所有住户和店铺都被迁出此地重新安置，当街区清空之后开始有选择性地拆除商业街，将近一半的建筑被认为"无足轻重"而被推土机铲平。残存的建筑没有供热，窗户用木板封住，都被封存起来了。曾经矗立着早期风格的历史建筑的街区，而今却空旷一片。为了填满这片空地，城市计划建造保留房屋的复制品。格拉茨对此评论道："虽然这个街坊只有一部分被推平了，但从经济和社会角度而言，它完全被扼杀了，它仿佛被整个地摧毁了。"

事实上，牧场街区因为所采取的更新方式而受到进一步的打击。为了寻求一种更为综合的方法，而不是以零敲碎打的方式将这些资产出租或出售给那些可能修复或重新使用它们的个人，城市更新署就这样将牧场街区变成了一片废墟。到1980年，仅有的变化就是这个街区闲置建筑的质量进一步下降。这些建筑因得不到实际利用而持续破败，还有一些建筑因为纵火被毁。到了这步境地，城市更新署终于放弃了由一位开发商负责整个街区的整治的设想，但仍拒绝让居民个人参与这项工作。它坚持要寻找一批愿意一次性整治一个或几个街坊的开发商。

格拉茨认为，全面整治以后，人们很难区别出那些经过修复的老建筑与那些新建的却看上去很旧的建筑之间的不同。"这个地方更像一个彻底清理过的城郊飞地，而不是一个城市街坊。这里有大片的停车场，但几乎没有行人。不论这个地方的特征如何随着时间而变化，它原有的社会和经济的混合性是刻意"保存"下来的而不是出自真实的存在。这种"保护"与综合性再开发具有同样的破坏性。尽管城市当局在大自然的力量将现有建筑摧毁殆尽以前成功地找到一位开发商，挽救了这个项目，这个"新的"牧场街区与原有的有机形态并没有太多的相像之处。对此格拉茨悲叹道："当牧场街区的最后一批居民辗转迁移到远方的住屋中时，这个真实的场所就不复存在了。最好的期望也就是那些点缀于停车场和插建于住宅周围的几栋历史建筑的躯壳能够存在下去"。

结语

现代主义的国际风格试图处处同一，而后现代主义则从本土性与特殊性中找到了灵感。梅特兰就此指出："如果街区文脉能够展示出非常清晰的历史形态，新的设计方案就有可能出于对历史的尊重而获得可靠的依据。"因此，强调场所及其历史文脉就成为人们的共识，包括对场所及其历史独特性的尊重以及对传统连续性的更多的关注。对于历史街区而言，首先必须认识到它的价值并期望去保护它。进一步来讲，出于经济、文化和美学的原因，城市更新和再开发越来越多地采取新老结合的形式。亚历山大等人认为，城市的每一次开发增量都应该是对以往错误的"医治"或使城市更加"完整"的一次尝试。这是一个强调连续而非断裂的有机过程：大多数传统城市都以这种方式发展。科尔布继而把它描述成一种"累进重读（incremental rereading）的规划过程"。具体的"医治"方法包括以可识别的城市空间修复传统的城市形态，以及弥补碎片和失去的建筑，从而形成一个整体性的城市空间。通过采取一种渐进和插建的开发政策，而不是全面的综合性再开发，能够保护现有社区的环境和社会结构。

另外，在许多国家，尤其是英国，保护者的反应过度也招致了批评。如塔恩

(Tarn）所描述的：

> 为保护而进行大肆游说不仅会导致对以前相关政策的批评，还会使政
> 策的效力难以发挥，最终一无所获。从某种意义上讲，这就像一个轮回，
> 振兴的热情被长久难堪的沉默所取代，人们变得不再自信。更可取的方法
> 是对我们的遗产进行更加审慎的评估，因为许多不同的方面都关注如何利
> 用这些评估成果，作为全面制定未来城镇福利政策的一个依据。

巴尼特也注意到："存在着一种对歇斯底里症的保护，这构成了保护一切事物
的基本理由"。其中一部分原因是对日益增长的市场力量的抵抗，一些人利用保护
政策所附加的限制性条款来强化通常的规划控制，并一再主张"对再开发施加一些
地方性控制，以此挑战开发者所拥有的权力"[5]。美国的情况恰恰相反："新发现的
遗产资源通常供给不足，典型的规划主题是对过度商业化加以严格限制"。如果建
筑遗产保有量固定不变，并且有清晰而实用的识别标准，那么就无需什么评估机制
对开发进行限制。然而，固定的保有量是不存在的，保护什么以及什么应该被保护
总是存在着一种价值判断，而且这一判断只反映一个特定时期的价值观。在缺乏安
全感和自信心的时代，遗产价值一直掩映在过去的街区和建筑中。在20世纪早期的
大部分时间里，人们是自信和无畏的，但不幸的是，他们正因这种自信和无畏而犯
了错误。

　　在先驱广场和牧场街区这两个例子上，最明显的问题出现在管理方面，或者说
城市历史街区保护和振兴管理的缺失。第一个保护实例似乎是一种"成功"。然而
正如第二章中所讨论的，历史街区在经济方面的振兴实际上才是关键性的引导因素。
以后将会讨论到，历史街区的保护原则应当是在城市总体开发原则中所进行的一种
积极探索。下面三章将描述和讨论一些城市历史街区更新过程中的不同经验。

5　例如在英国，1967年城市公共设施法案实施之前，据估计有大约1250个保护区；到1970年有1200
个。而到1992年保护区数量超过了8000个，每年新公布的保护区数量达400个。

4

以旅游和文化产业为先导的振兴

引言

为了振兴城市历史街区，许多城市正在努力开辟新的城市功能。其中一项重要的新功能就是旅游以及与之相关的各种文化活动。旅游或以文化为先导的振兴策略鼓励将城市中的历史遗产用于旅游业的发展。这样的发展常常意味着地区的经济结构需要部分或大规模地多元化或重构。利用一个地区的历史特征、周围环境和场所感，旅游业常通过导入新的功能来克服街区的形象过时。人们经常提起的马萨诸塞州罗维尔街区，就是以旅游为先导实施城市工业区振兴的先例。这个衰落的纺织工业城通过旅游开发成功地焕发出活力，在此过程中它成了美国第一个国家历史城市公园。如法尔克（Falk，1986，p.148）所说的："这种转变的关键在于要把历史遗产看作一种财富而不只是一种责任"。刘易斯·芒福德在他的《城市文化》（1938年）一书中提到的城市功能之一就是其本身如同一座博物馆。然而，许多城市正力求避免重蹈像弗吉尼亚的威廉斯堡这类场所的覆辙。威廉斯堡就像一件历史的仿制品，它不仅复制建筑，还让演员穿着古时的服饰居住于此。格雷夫（Greiff，1971，p.7）描述道："时钟停摆了，过去的历史被珍藏在玻璃之后或被放入壁龛，人们可以仰慕它或忘掉它。历史和艺术没有作为活生生的存在来丰富我们的生活"。因此，在振兴历史街区的过程中，必须把历史遗产、传统和场所感与当代的经济需求、政治和社会状况结合起来。

这一章将剖析以旅游和文化发展作为振兴城市历史街区的一种手段所能起的作用，它利用新的经济活动来替代或补充街区内那些业已衰落或甚至已经消失的功能。将旅游作为内城区一种适宜的城市活动是一个相对较新的概念，它主要受经济活动和就业形势的推动。然而，旅游和文化活动的发展绝不只是地方经济政策的一个组成部分。

城市历史街区中的旅游业

　　旅游项目背后的目的和动机千差万别，许多旅游开发项目常常是机会主义的。也就是说，项目极少来自对发展机遇的战略性评估或通盘考虑，而多出自地方条件或当地某些利益集团或私人企业家的一时之念。一些保护区受到广泛关注，对特殊建筑保存和保护的担心成为一个重要的激发因素。所以，一座城市在决定发展旅游业时，选择启动何种旅游项目十分关键，而规划编制也与一系列通常是偶然的私人部门的开发项目密切相关。公共部门经常在旅游开发策略的制定中扮演重要角色，它们提供并管理公共性开放空间，建设并维护主要的景点，还为私人部门提供财产转让方面的帮助。

　　在20世纪80年代，许多工业城市提倡旅游业有两个主要因素。其一，这些城市很多都经历过反工业化（de-industrialization）过程，具体表现在制造业、仓储业、运输业等行业的就业机会减少，导致高失业率和许多内城用地被荒弃。自然地，城市就开始寻求能够创造就业机会和重新利用废弃土地与建筑的替代产业。其二，旅游业之所以被看作一个朝阳产业，部分原因是人们闲暇时间的增多和旅游机动性的提高。因此，这一进程得到地方当局的鼓励和刺激，目的是在城市核心区发展一定程度的旅游和文化活动。一个重要的问题是，这些历史街区通常必须因此而改变，成为旅游景点。与巴斯（Bath）那样的城市不同，这些地方不仅仅因其物质环境而成为景点，它们的历史背景也起到了关键的作用。劳（Law，1994，p.1）描述道："形象很差、景观丑陋的老工业城市也在寻求发展旅游业。于是，促进旅游业的目标，一部分是推动城市的进步，一部分是振兴城市，还有一部分在于区域的物质环境的更新。从美国的老工业城市巴尔的摩（Baltimore）、克利夫兰（Cleveland）、底特律（Detroit）和匹兹堡（Pittsburgh），英国的老工业城如布拉德福德（Bradford）、伯明翰（Birmingham）、利物浦（Liverpool）和曼彻斯特（Manchester），到欧洲大陆的杜伊斯堡（Duisburg）和里昂（Lyon），旅游业的发展都是如此进行的。"

目标、形象和地方行销

　　自20世纪80年代以来，在吸引游客和投资的竞争中，老的工业城市曾试图重建自身形象，改变人们对它们的负面认识（Bianchini，in Healey，1992，p.249）。

为了在竞争越来越激烈的市场中获得更多的利润，大大小小的城镇都在开发它们的文化遗产以突出其个性及地域识别性。这个过程——如人所知的地方行销——在美国发展起来。帕迪森（Paddison，1993，p.340）描述了这些实践"主要与地方经济开发、地方行销和鼓励公私合资公司的重建联系起来"。

地方行销的目的不仅仅是为了作广告，它更致力于重建地区形象。所以那些特殊形式的活动，包括能够反映和支撑城市形象的旅游和文化活动通常就成为其主要表现形式。地方行销的首要目标是为投资者、观光者和居民建立一种新形象来代替现有的城市形象。现有的城市形象要么太模糊，要么就有负面的内涵（Kearns and Philo，1993，p.133）。进一步讲，地方行销不仅能推广和宣传本地区，还能够调整"产品"以更好地适应"市场"的需求。

由于供给往往能够根据需求进行调整，因此地方行销会带来"真实性"的问题。罗宾斯认为："在一个抹杀了差别的世界里，对一个场所的改造就是要在全球游客的眼中创造独特的地方景观。为此，即使在最贫困的地方，遗迹或仿造的遗迹都被调动起来以便在地区竞赛中赢得优势。"

通过对街区认同感施加一种积极的影响，旅游项目有助于克服形象上的过时，从而增加信心和提高投资的可能性。地方行销包括开发一个地区的景点、强化地方特色、保护历史遗产及文化景观，以及与明确的广告形象相匹配的环境。在这个过程中，此类地区就可以创造出新的，或开发现有地区的以旅游基础设施为支撑的旅游场所。地方行销也可以支持内部的消费、改善区域环境质量、加强居民和商业团体对本地区的自豪感，同时也鼓舞了地方的士气。

然而，仅仅通过市场行销来改善一个地方的形象还是不够的，任何一个旅游目的地都需要具备特殊的吸引力以同时满足旅游者和本地社团的不同需要。

尽管吸引游客参观某个特殊地方的原因通常是它的景致和吸引力，但若没有以下这些因素，旅游是无法实现的：如交通设施、满足旅行舒适性需求的服务设施，以及确保这些设施正常运作的基础设施，还有保持景点清新形象的服务系统。这些"支撑性"服务系统总是游客们消费的主要方面，并因此带来比观光点本身更大的经济效益。所以，可以看到成功的旅游景点服务对地方经济会有一个积极的增殖效应。游客在目的地的消费不仅会有效利用现有的服务设施，还鼓励新的企业家开发更好的设施。反过来，这样又吸引了更多的游客。不过，游客在旅游过程中最基本的需求也不能忽视："人们必须能够在大街上安全地行走……，还需要好的旅馆和餐厅"。这种体验可能会对游客是否再来起到很大的影响，或者是否把这个地方推荐给其他人。因此，要促进旅游产业的发展，就必须慎重考虑这些因素。

管理、投资和旅游策略

将旅游业引入一个地区是一个复杂的过程。通常是这里已经存在一些景点，但可能维持在一个较低的水平，只有少量服务设施和落后的基础设施。一般来说，以旅游为导向的历史街区保护与开发往往起因于对该地区发展潜力的认可和投机利用。皮尔斯（Pearce，1981，p.10）说："为发展旅游业，相关的城市功能必须由某些个人或组织开发或提供。城市往往存在很多的开发机构。这些机构的构成方式各不相同，这取决于它们在历史、政治、经济、文化和地理等方面的发展背景。"

任何地方的旅游业发展，公共部门一般都在旅游策略的建立和协调中扮演关键角色。不过，公共和私人部门在创建成功的旅游目的地时不可避免地要时常接触。许多因素都可能会促使公共部门在城市历史街区内发展旅游业，这包括经济、社会、环境等方面的因素。政府可以抓住这种机会使地方经济多样化并创造新的就业机会，或鼓励私人企业以刺激经济增长。与此相关的社会因素可能同时包括改善或提供新的公共设施，以及增强当地的自信心和幸福感。在环境方面，公共部门通常也要承担起保护物质和文化环境的责任，旅游通常被认为是达到这一目标的一种手段。

相对而言，私人部门的主要目的是从其投机中获利。尽管如此，许多不同的动机影响到私人企业家。正如皮尔斯所指出的："许多投机的特点似乎并不是出于一种稳妥的经济理由，而是更多受总经理或某个个人一时心血来潮的影响"。私人企业一旦涉足高度竞争的市场，就会设法保护自身利益，就有可能不愿意根据联合的战略来进行互相合作。然而，成功很大程度上要依赖于整个地区经济水平的共同提高以及游客的体验。因此，地方政府要经常起到协调的作用，并且要促使不同的参与者通力合作。

任何旅游策略的成功，无论是由明确的政策和官方计划所引导，还是通过各种活动和开发项目的摸索而获得，通常取决于相关各方都认同一个共同的目标并共同努力达到这个目标。布拉姆韦尔（Bramwell，1993，p.19）指出："在对遗产的投机开发中，规划是使旅游产品保持连贯性的必要条件。"在整个20世纪80年代，无论是欧洲还是美国，政府采取主动行动的频率都不断增加，以推动当地的经济复苏。这些行动包括规划师对旅游业和遗产资源保护的促进，他们实际上所起的"作用不仅仅是通过土地利用规划进行管理的市场管理者，还直接成为城镇遗产资源市场的缔造者"（Prentice，1993，p.222）。显而易见，在一个城市历史街区内，无论是否存在官方的旅游战略，这类地区旅游业最初的发展总是企业家进行资本投机的结果，不管是由私人部门还是由公共部门为先导。

案例研究

在本章中，将剖析三个研究性案例，比较其对城市历史街区旅游潜力开发的措施。它们是曼彻斯特的卡斯菲尔德街区、都柏林的坦普尔（Temple Bar）街区和马萨诸塞的罗维尔街区。这些19世纪的城市街区都非常靠近它们各自的城市中心，都曾经历过一次经济重构，从原来的工业街区变成以旅游业为主的多功能街区。与空间明确的街区不同，文中所讨论的罗维尔围绕着城市中心构成一个圆环。它所形成的旅游目的地是在这个城市的文脉范围内并与之融为一体，它成为许多后来的城市历史旅游街区的先例。坦普尔的特点则与其他研究实例不同；它更多地与欧洲的城市街区概念有关，即是传统市民活动和不同建筑类型的混合体。坦普尔之所以特别，还因为它更像一个文化街区而非旅游区，它对场所氛围的依赖更甚于对单个旅游者的吸引力。

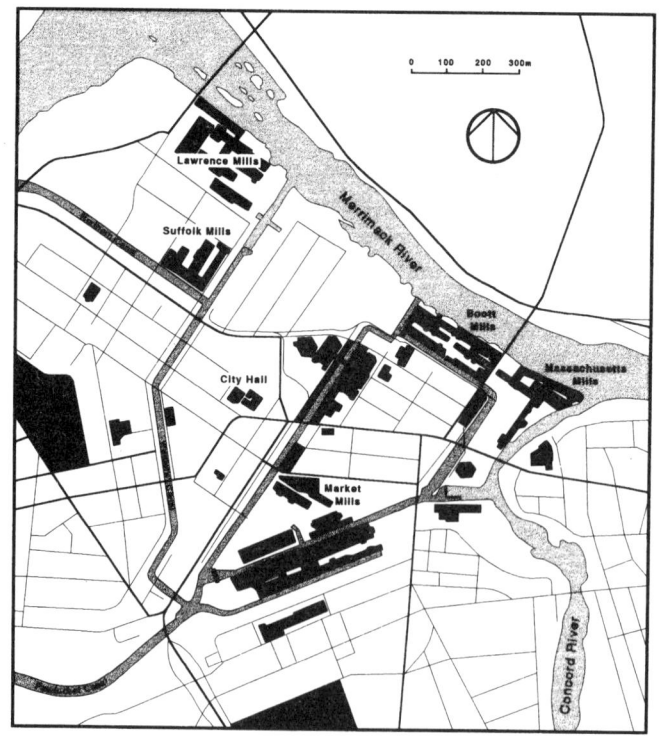

图4.1
罗维尔的规划，与边界明确的街区不同，文中所讨论的罗维尔区围绕着
城市核心构成一个圆环。

马萨诸塞，罗维尔

位于波士顿西北 25 英里的罗维尔是一个老的制造业城镇，地处康科德河
（Concord）与梅里马克河（Merrimack）的交汇点，毗邻东部运河（the Eastern Canal）
（图4.1）。罗维尔被认为是美国19世纪第一个大型制造业城市（Ryan，1991，p.377），
从1821年开始，罗维尔就作为一座规划过的工业"城市"进行建设，并在1836年经
合并成为一座城市。它于19世纪上半叶后期迅速扩张，到1850年就有了10个工厂
综合体和一个机械制造厂。城市所有能源来自近6英里外的运河，利用梅里马克
河的波塔基特瀑布（Pawtucket）32英尺的落差作为生产动力。在1855年，这里有
1.3万多名雇工生产棉布，到1900年，它变成一座集中了将近10万人的稠密城市。

应该把这个小镇的起源归功于弗朗西斯·C·罗维尔（Francis Cabot Lowell），
他在19世纪早期曾周游英格兰和苏格兰，参观了许多现代的纺织工业综合体。人们
认为他熟记了这些纺织厂的运作方式，以便回到美国后复制它们（Freeman，1990）。
不幸的是，他卒于1817年，其时他的探索成果还未能大规模地付诸实践。他的一位
合作者，柯克·布特（Kirk Boott）在罗维尔设计了第一批工厂、运河及工人住房，
以现代城镇的形式实现了罗维尔制造业社区的梦想。布特和另外一些早期的工厂开
发者们以家长式作风对待他们的雇员，资金的15%用于工人的住房和生活设施。然
而，这一措施好景不长，激烈的竞争很快导致了工资和生活水平的降低。

罗维尔的衰败与保护

盖尔把罗维尔棉纺织业于20世纪早期的衰退形容为新英格兰工业城镇衰败中最
糟糕的一例。这些问题实际上开始于19世纪后期，当时人们利用蒸汽动力取代了罗
维尔天然的水力优势。另外，由于该镇地处内陆，地理位置的过时很快变成一种运
输上的障碍。这些缺点使许多制造商为提高进出口效率而迁移到沿海地区，或为获
取更便宜的资源如劳动力、原材料等，而迁至更南部的地区。

第一次世界大战爆发时，由于获得了军方合同，罗维尔的纺织业和军需工业有了
短暂的增长。然而战后到1930年，随着当地经济的严重萧条，这种情形很快恶化
（LaBreque，1980）。与世纪初大约有2.1万人在175个工厂工作的情况相比，到1936
年，仅仅有8000人受雇于纺织工业（与1736年相同）。于是，为减轻那些巨大建筑
物带来的税收负担而将工厂完全拆毁，或者将一些部门迁移他处,这些不得已的措施
更加剧了城市的窘境。第二次世界大战支撑了余留下来的纺织工厂,戏剧性地增加了

它们的雇佣量，但这种兴旺仍旧是短暂的。20世纪50年代早期，布特和梅里马克工厂关闭了，而到了50年代末，罗维尔充斥着百万平方英尺空空荡荡的5~6层砖结构厂房，陪伴着一个衰落的商业区和高失业率的社区。这种萧条状态是20世纪60年代早期的缩影，当时，梅里马克工厂主想以1美元的价格将它卖给罗维尔市议会——建筑史学家郎根巴赫（Randolph Langenbach）描述该工厂是"城镇建筑中最原始的象征"——但政府谢绝了这个提议，而仅仅为减轻房产主的税务负担就将工厂拆除了。

在20世纪50年代后期和60年代早期，由于经济萧条和物质环境的衰败，罗维尔在城市更新和贫民区清除方面只吸引到很少的投资。不过，这随后就变为一个优势。如聪格斯（Paul Tsongas）议员指出的："与大量新开辟的道路或商业中心所起的作用相比，罗维尔在20世纪50年代和60年代的停顿，使它原有的建筑物未受城市更新的影响，为它摆脱衰落提供了更好的机会"（自Fleming，1981，p.166）。

罗维尔在20世纪60年代目睹了其姐妹城，位于新罕布什尔州的曼彻斯特（Manchester，New Hampshire）城市中心许多厂房的拆除，那里曾是政府资助的城市更新计划的一部分。哈尔文（Hareven）和郎根巴赫评论说："具有讽刺意味的是，曼彻斯特的工业综合体和工人住房比罗维尔任何一个综合体保护得都好"。然而在美国，20世纪60年代中后期对民族遗产的态度发生了变化。随着罗维尔梅里马克工厂的拆除，出现了历史保护运动，而1966年8月拆除Dutton街联排住宅的争论将这一运动进一步推向高潮。据瑞安（Ryan，1991，p.380）回忆，"罗维尔日报"坚持认为这些住宅"应该是我们历史中被遗忘的一部分"。这话激起了对拆毁Dutton联排住宅和城市中心公路扩张计划的"工人阶级报复"情绪。这场关于是否拆除的争论为以后的保护研究计划打下了基础。在这几栋联排住宅被拆除之后，这个社区中逐渐有更多的重要人士加入了为保存剩余的历史环境而进行的斗争中。不过那时已经没有多少遗产需要为之斗争了，因为拆除和再开发的压力都不存在了。瑞安进而指出："20世纪70年代早期是一个衰退期，高失业率、工厂倒闭、工业场地闲置四处可见，在闹市区的商业与邻里之间、雇主和劳动力之间、城市政府机构和船闸运河公司之间以及业主和房客之间都存在相当大的紧张局面。对于城市主要的银行来说，这也是一个金融困难时期。"

罗维尔的振兴

最早提出以旅游为先导的罗维尔振兴概念的，是教育家派帕特里克·摩根（Patrick Mogan）。1970年，城市利用从一个优秀社会模范城市项目（Great Society

Model Cities Programme）中获得的一笔启动资金创建了一座国家历史公园。这个国家历史公园的概念和先例出自美国国家公园为国家利益对一个地区进行公开管理和保护的概念。创建罗维尔国家历史公园的想法即试图将这种概念转变为具有国家意义的城市环境。早在1966年，摩根就利用联邦环境教育资金通过教育改革开始了这一转化过程并吸引资金。

罗维尔历史委员会成立于1973年。这时有关遗产保护的思想已深入人心，市议会指定的两个历史地段于1975年至1976年列入《国家历史地区名录》（National Register of Historic Places）。因此，这些地段就有资格接受国家历史街区保护信托资金，并由联邦政府授予法律上的许可，给予多种税务方面的优惠和激励。这形成了对主要街道立面的第一次小规模改善。该街区列入了示范城市项目，从中获得了商业开发街区补助金（Commercial Development Block Grants），并从罗维尔开发金融公司（the Lowell Development and Financial Corporation，简称LDFC，当地银行和金融机构的联营企业）筹集到一笔资金。1976年，罗维尔历史协会出版了《棉花为王：罗维尔的历史》一书，该书有助于再现20世纪70年代对罗维尔社区的历史评价和认识。

在这个城市振兴过程中发生的关键事件之一，是1974年罗维尔居民保罗·聪格斯获选进入议会。1975年，聪格斯成功地说服罗维尔的银行家们创建罗维尔开发金融公司并借出全部存款中的0.05%作为改善城市的一个投资基金。该基金提供了一笔35万美元的周转资金，并以低息贷款的形式帮助闹市区私有部门的开发商弥补资金缺口。聪格斯议员和罗维尔市行政官约瑟夫·塔利都成了这些早期开发的带头人。"他们坚毅的性格和政治技巧创造出罗维尔强有力的'交易系统'，从联邦和国家的直接拨付资金、补助金及贷款中获取了数以千百万计的金钱"（Gall，1991，p403）。对于形成"一种在公园开发关键的头几年，国有部门支援私人投资的风气，使私人开发者们渐渐明白他们能够相信城市会履行那些允诺过的鼓励条件，并能将官样文章减到最小程度"作出了很大的贡献。

与聪格斯所起的作用相类似，另一个重要的政治因素是马萨诸塞州州长迈克尔·杜卡基斯对州内萧条的工业城市的复兴作出坚决的承诺。此外，他与罗维尔的希腊人社团有着密切的个人关系，所以对这个城市有着强烈的兴趣。富有意义的是，1975年，马萨诸塞州决定在这个城镇一座整治过的工场里创建罗维尔大学。

关于建立国家公园的提案于1972年首次提交给议会，以后每年都再次提议，直到1974年该议案终获通过。但这一议案并没有创建公园，而是建立了一个"政治上可行的联邦－州－地方联合委员会来规划一个历史保护的方案"。因此，成立罗维尔历史保护委员（the Lowell Historic Preservation Commission）是多种机构努力合作的结果,并于1976年建立了罗维尔国家遗产公园(the Lowell Heritage State Park)。
这个委员会与它的合作者——罗维尔大学和罗维尔商会共同创建了这个公园。其目
的是以历史遗产为资源带动旅游业和经济的发展(图4.2)。委员会最初的权限持续
到1987年。以后议会又将这个期限延长了7年,但是把重点从保护和整治物质结构
转移到开辟新的旅游路线上,尤其侧重于"运河大道"的开辟。这是一个由运河、
步行街和娱乐场所所形成的旅游网络。

1978年,创建罗维尔国家历史公园(the Lowell National Historic Park)的法案
终于获得通过。在此之前曾有不少国会议员对这个法案提出质疑,认为它其实是一
个改头换面的"城市更新"项目。尽管这种说法大体符合事实,但却受到罗维尔居
民及其在国会中的代表的强烈反击。这些代表成功地证明了城市更新并未包括公园
所涉及到的教育、文化事业和历史保护等方面的内容。在公园获得命名之后,罗维
尔获得了500万美元的联邦补助金,以帮助聪格斯和塔利实现他们野心勃勃的计划
之一,劝说王氏电脑公司将其国际总部设于该镇。在资金操作方面,城市发展基金
会(Urban Development Grant)的性质与罗维尔开发金融公司(LDFC)相似,要
求以4%的额度分25年偿还贷款并且形成一个周转基金。到1986年,王氏公司在
罗维尔雇佣了1.5万人,大部分工作于新建的建筑中,这一点引起了一些争议。瑞

图4.2
罗维尔因拥有大规模的砖混结构的仓库和工厂综合体而颇具特色。其中许多综合体已经转变成为旅游景
点、公共设施或住宅。

安就此发表意见说，该项目"支持了工业的开发，与历史街区保护和城市商业中心振兴的战略背道而驰"。王氏公司在20世纪80年代早期发展迅速，对地方经济产生了多方面的影响，许多较小的公司为它提供产品或成为这个电脑巨人的下游厂商。到1980年，罗维尔再度成为一座工业城市，在全部就业人数中有39%从事制造业工作。与之相比，全美的平均值也仅为21%。盖尔写到，"在这座城市的复兴过程中，高技术的影响是如此之大，以至于当地一位政治家评论曾说过，王氏公司抵得上100个国家公园。尽管此话有些嘲弄的味道"。

"王氏"因素在罗维尔复兴的过程中已经得到很好的论证，但常常被夸大。在说服希尔顿饭店开发商在紧邻商业区已修复的船闸边落户的同时，王氏公司的重新安置和发展创造了公园地区增长的活力和消费能力。王氏雇员自由支配的收入支出对形成罗维尔的气氛和特性也很有帮助，它增加了旅游吸引力的效果。从1975年到1980年间，州和联邦政府通过刺激经济的市政投资基金和1.7亿美元的"重点资助"对罗维尔施加帮助，其结果是吸引了10亿美元的外来投资。由于这些投资，20世纪80年代早期新的建设继续奇迹般地增长。盖尔引述了Dunn和Bradstreet的一份调查，表明在1983年的增长率达到创纪录的1600%，高于美国任何一个同等规模的城市。

为继续促成新的发展项目，聪格斯和塔利于1979年又构思了一个"罗维尔计划"（the Lowell Plan）。它由一组商人运作，与罗维尔开发金融公司平行但各自独立。国家历史公园有一个坚定的策略，即征求当地商业的支持以及对"城市主要的投资商采取非对抗性态度"（Ryan，1991）。因此公园的发展推动罗维尔社区创造出一种得到各方面认可的共识，并成功激发出在20世纪大部分时间里都缺失的本地人的自豪感。

国家公园的公共设施同样对业主们修复他们的历史建筑提供了技术支持。结果修复了超过100座老建筑，并为其注入了许多新的功能。在城市历史街区中，环境的影响非常重要，因为它通常为街区振兴提供最初的动机。建成环境是历史街区旅游业的主要资源，然而，旅游业的增长将不可避免地对环境产生影响。因此皮尔斯指出："注意力必须指向自然环境、尺度、形式、现有建筑区位、街道形式以及现有土地利用方式。"

游览胜地

到1986年，已有逾80万的游客参加过国家历史公园组织的活动，例如游览运河、历史漫步、乘坐无轨电车以及文化性和游艺娱乐节目等。城市建立了两个主要的旅游信息中心，分别位于市场工厂群中的公园游客中心和Boott棉花加工场博物馆。市场工厂群是公园的入口，这个过去的工厂群可以追溯到19世纪80年代及

20世纪早期,曾是城市最早的纺织公司之一——罗维尔制造公司的一部分。这个中心的特色是为游客提供表演、音乐会、介绍公园概况的展览——如劳工、机器、资本家、能源和工业城市等等——同时这里还是城镇中大多数游客确定方位的地标。

Boott棉纺厂因其钟塔而成为罗维尔有特色的地标之一,它还是工厂建筑最出色的典范。这个综合体中最早的4座工厂分别建于1835年到1838年间,在随后的世纪里又增添了另外5座。这个26万平方英尺的综合体于1954年关闭,标志着这座城镇大型棉纺织制造业的结束。值得注意的是,交易中心和博物馆记录了工业化的历程。一位私人开发商以6300万美元的代价更新了这组工业建筑,同时从罗维尔历史保存委员会处获得了补助金,为不同的住户提供多功能的服务设施。除了旅游观光点外,那儿还设有住宅公寓、餐厅、艺术家画廊、聪格斯工业中心、一座文化资源和民俗生活中心、教师培训设施和其他展览设施。在这里游客们可以获取相关信息并游览图画般的运河和工厂,夏季里到来的学生人数大量增加,使国家公园管理员的数量也相应提高。在 Boott 工厂的旁边,是设有室外剧场的寄宿住宅公园(图4.3)。

图 4.3

罗维尔Boott工厂寄宿住宅公园。其特色是有一个室外剧场,在夏季的几个月中为来到镇上的游客举办为数众多的音乐会,始终保持着活力。同时,镇上的不同地点整年举办众多的艺术和工艺展览、音乐会和节日盛会,使游客体验到有趣和多样的城市生活。Boott工厂寄宿住宅公园本身是一个主要的更新和修复项目。时光流逝,替代平屋顶的斜屋顶以及许多带窗套的窗户使这栋建筑变得引人注目,建筑被改造成图书馆和博物馆,原先的室内设施全部被新的室内设计所替换。

现在的城市历史核心对游客有着无法抗拒的吸引力。这里有"世纪转折"系列有轨电车、梅里马克河水上游览路线和滨水的Vandenberg Esplanade公园、"运河水道"——一个沿着运河水系自助旅游的步行系统，以及由公园管理员带领的运河漫游或漫步活动等。每一条小径都是按照说明性的主题设计的，内容主要是展示这座城市的建立及其工业化过程。罗维尔城市历史公园的管理员制度沿袭了美国国家公园整体化的管理体系。这些公园管理员既是一种有益存在，对游客来说他们也是宝贵信息的来源，同时也有助于监控公园的环境质量。

罗维尔也必须时刻小心，避免制造出虚伪的历史立面。当地社区一直有一个强烈的要求，即应该表现出真实的历史画面，包括工人所受的剥削、恶劣的工作环境、少数民族移民的地位等等。这就如林奇所表明的那样："环境保护中的一个问题就在于，保护过程具有将过去的某种意象抹煞的可能，并适时地证明它是虚构的或者不恰当的。"在进行旅游宣传时，往往会把某些声名狼藉的过去隐藏起来。布朗·莫顿三世说："美国的历史保护一贯以粉饰过去为宗旨。许多历史场所和博物馆故意去误导公众，因为真实的历史实在令人难堪。在绝大多数的地方，奴隶制和经济剥削有意识地被忽略或者仅仅予以轻描淡写。历史解说项目绝少向已被刻意建立起来的美国神话提出异议。尽管保存运动现在已变得更加尊重多元化的文化遗产，但在确定和保存那些困扰国家良知的场所时，仍然明显地不情愿。"

在罗维尔，巨大的努力使人们确信博物馆和展览馆是真实准确的，并没有试图欺骗游客（Ryan，1991）。

结语

到20世纪80年代后期，这个地区的经济繁荣不再。王氏公司进行裁员，并调整了在这座城镇中的业务。然而技术的发展、改良的教育、旺盛的文化活力以及不断涌入的游客形成了新的合力，帮助罗维尔度过了那时的经济衰退。旅游产业和高科技企业的增长成为城市经济活动的新的支撑点。

保护历史遗产和重塑社区自豪感一直是罗维尔城市振兴的催化剂。盖尔说道："如果其他老化的工业城市能够从罗维尔获取一些经验，那就是振兴要始于社区自身形象的种种变化，这些形象体现出明确的自信心和方向感。"他同时指出："罗维尔既没有抛弃过去，也不僵化地固守过去，它将遗产转化为地方感的泉源和创造未来基石。"

卡斯菲尔德，曼彻斯特

　　卡斯菲尔德地区位于曼彻斯特市中心的西边。该区以铁路和运河运输体系为主导产业，塑造出这座无疑是世界上第一座工业城市的历史（见图4.4）。卡斯菲尔德是曼彻斯特市的发源地。早在公元79年，罗马人在这里建立了第一个定居点，随后村庄围绕要塞逐步扩大，直到公元411年才被废弃。到了18世纪，罗马要塞周围用地再次显示出其重要性，城市沿着迪恩斯盖特河（Deansgate）扩展，最终使卡斯菲尔德成为曼彻斯特工业革命的发祥地。

　　1765年，布里奇瓦特公爵（Duke of Bridgewater）开凿的第一条人工运河开始通航，从他的煤矿向曼彻斯特运送煤炭。该运河后来与罗奇代尔运河（Rochdale Canal）的延伸段相连（1805年），它们位于卡斯菲尔德盆地的核心，形成繁荣的南北和东西方向的内陆航道。盆地周围地区充斥着许多仓库来储存各种各样的商品，于是其所在地的地名就成为煤炭码头、土豆码头、杂货仓库和商品仓库等等。到1830年,利物浦通往曼彻斯特的铁路——世界上第一条铁路——在卡斯菲尔德的利

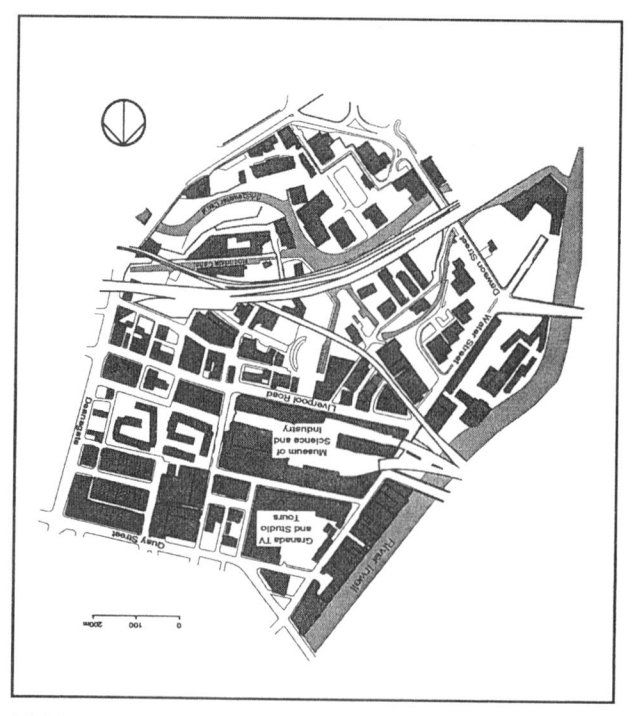

图4.4
曼彻斯特的卡斯菲尔德平面。区内的铁路和运河体系占据着支配地位。

物浦路建设了第一个铁路客运站。随着铁路的延伸，又建造了一系列砖和铸铁桥以及高架桥。时至今日，这些桥梁依然构成卡斯菲尔德城镇的主要景观。

卡斯菲尔德的衰落与保护

到 20 世纪 60 年代，随着纺织工业的衰落以及物资运输和储存方式的改变，街区蜕变成市中心一块被遗弃的工业荒地。在整个 20 世纪 50 和 60 年代，这里几乎没有什么建设性的开发。惟一的例外是 1956 年格拉纳达电视台决定在码头街（Quay Street）建立其总部。到了 1975 年，街区的经济境况进一步恶化，替代原先火车客运站功能的货运站也关闭不用了。

1972 年，在几家工厂倒闭以后，人们的兴趣和注意力又集中到了卡斯菲尔德地区，因为这里发掘出了古罗马遗迹，这促使人们开始关注这个地区许多其他的工业遗迹。1974 年曼彻斯特市议会在其《城市结构规划》（*Structure Plan*）中提出特殊政策，肯定了这个地区的发展潜力。这些政策主要与开发旅游和休闲产业有关，侧重于保护重要历史建筑和挖掘运河方面。1979 年市议会又指定卡斯菲尔德为保护区，并于 1985 年扩大了保护范围，成为城市中心最大的保护区。1980 年，环境部也认为这个地区具有"杰出的"价值。尽管这一超凡地位没有上升至国家级，它依然显示了这一街区所具有的重要性。

至此，市议会认识到了将遗产保护与城市更新结合起来的必要性。这是因为，卡斯菲尔德本地的经济功能已经丧失殆尽，只留下一批衰败而闲置的建筑和基础设施作为历史遗产。曼彻斯特市议会别无选择，只有试图吸引适当的经济活动，通过旅游等功能来实现街区的经济重建（见图 4.5）。

卡斯菲尔德的振兴

1982 年曼彻斯特《城市中心街区规划》（*City Center Local Plan*）注意到旅游业对城市的潜在影响。它指出："城市的优秀建筑和历史特色会吸引游客，促进公共设施建设和旅游需求。这些需求可以使那些比较重要但目前未充分利用的建筑发挥作用，从而使这些建筑获得租约、充满活力、保持特色。"它还认为，卡斯菲尔德在强调保持地方特色和历史关联性的同时，也鼓励其他经济活动和住宅建设，而开辟各种博物馆则有助于达到这一规划目标。街区规划促使一家小型科学博物馆重新选址，最终将其设置于曼彻斯特至利物浦的铁路终点站，这是一幢建于 1830 年的

图 4.5
卡斯菲尔德的空间特点是，拥有大规模的砖砌仓库和过去的纺织工场厂房。现在，许多建筑已得到更新并有了新的功能，该街区作为一个旅游区而得到了振兴。

具有重要历史意义的建筑。博物馆后来进行了扩建，成为占地 7 英亩的科学与工业博物馆，仅在 1994 年它就吸引了超过 30 万的参观者（见图 4.6）。这个旗舰工程旨在担当街区振兴的催化剂和成功的象征。然而，比安基尼、道森和伊万斯（Bianchini，Dawson and Evans，1992，p.246）认为，"这种项目只有成功地吸引其他开发项目追随其后才能证明其旗舰地位"。这支'舰队'不仅包括更多的主导性观光点，而且也包括能够将投资或游客吸引到这个地区的、能丰富游客阅历的其他开发项目及服务设施。

　　1983 年，卡斯菲尔德自封为英国第一个城市遗产公园（Urban Heritage Park）——这个概念是由罗维尔首创的——它试图引导"历史地区的振兴，提供娱乐和休闲场所……，通过吸引政府和私人投资，在开发过程中起到催化剂的作用"（Report of The Officers Working Party，1982）。卡斯菲尔德工人党提出一项旅游业开发计划，它包括下列措施：创办一座城市遗产公园、为旅游和休闲目的对历史建筑与场所进行保护整治、提出一个改善环境的综合方案、提供一套由旅游点及其附属服务设施构成的组合项目、由公共和私人交通将它们与城市其他部分联系起来、充分考虑人行系统、对历史街区进行行销和宣传，等等。这个报告也考虑了在重建中将保护和

图 4.6
卡斯菲尔德科学与工业博物馆。将在历史上具有重大意义的 1830 年曼彻斯特——利物浦铁路终点站改造为博物馆，占地扩大为 7 英亩。1994 年吸引了超过 30 万的参观者。

经济振兴相结合的诸多问题："对发展旅游的各种要求需要加以仔细研究、认真管理，使得作为经济资源的卡斯菲尔德的发展不会与作为旅游资源的卡斯菲尔德的保护产生矛盾"（Report of The Officers Working Party，1982）。在为卡斯菲尔德的振兴而拟订旅游政策时，这种认识是非常重要的。

　　英国的国家城市发展政策在正确评价旅游业作为城市更新手段的潜力方面相对滞后。例如 1985 年的《城市计划》报告书认为："旅游永远不可能成为城市计划的主要组成部分。"而 1988 年以《城市行动》为名的报告书却承认了城市旅游业日益增长的重要性："旅游业在内城开发中做出了重要贡献。"接着它还指出："政府相信旅游业在内城的潜力还有待进一步的开发。"

　　20 世纪 80 年代，出于对工业旅游的关注，促使英国旅游局（ETB）提出将曼彻斯特、沙尔福德和特拉福德地区纳入一个统一的战略开发计划（SDI）中，作为旅游发展五年规划的一个组成部分。该计划旨在通过把曼彻斯特区域中心（Manchester Regional Center）发展为旅游目的地而直接促进其经济振兴和就业增长。英国旅游局和 LDR International（一家设计规划咨询机构）提出一种构想，将上述区域划分为七个旅游片区（英国旅游局，1989 年）。这个项目的协调工作由英国旅游局地区开发组和曼彻斯特市议会、沙尔福德市议会、特拉福德自治市镇政务委员会、特拉福德公园开发公司、曼彻斯特中心开发公司和西北旅游局共同承担。

这个与卡斯菲尔德街区有关的项目旨在通过创立具有国际影响的旅游目的地来促进经济振兴，从而提高当地社区的生活质量。战略开发计划意在保护和强化工业遗产、改善博物馆和旅游名胜周围的物质环境、提供新的商业和就业机会，以及增加住宅建设和改善住宅质量（英国旅游局，1989，p.8）。英国旅游局所划定的7个片区中有2个在卡斯菲尔德。根据战略发展计划，在市中心利物浦路街区与河道之间建造了新的人行通道。具有历史意义的迪恩斯盖特区也得到了整治，插建了小商店、酒吧和其他服务设施。运河南岸的水桥（bridgewater）内港地区目前正在进行综合利用再开发，以加强办公、居住、商业和零售功能。另外，运河曳船路的环境改造也在进行，新建的人行桥提高了街区之间的功能渗透性和交通可达性。

曼彻斯特中心区开发公司

1988年，作为政府城市开发公司计划的一部分，成立了曼彻斯特中心区开发公司（CMDC），对卡斯菲尔德旅游业的发展给予了有力的推动。曼彻斯特中心区开发公司认识到，旅游业通过创造就业机会和改善地区形象（这更利于吸引外商投资），将继续在这个街区的经济振兴中起到重要的作用。自1988年以来，该公司通过对土地权属的整合和集约化使用，以及实施环境改造工程，加速了卡斯菲尔德的经济振兴。

1994年5月，CMDC发表了针对这个街区的《地方发展纲要草案》（*Draft Area Framework*，CMDC，1994，p.20）。草案提议以综合利用的方式实现街区的经济振兴，其中包括下列主要目标：强化旅游基础设施、巩固和支持商业活动、建立充满活力的居住社区、保护和整治重点建筑、强化空间及交通节点、创造性地和审慎地利用城市文化资产，如运河、高架桥和列入保护名录的建筑等、提出高标准的城市设计原则和建造优秀的建筑等等。这一草案的政策背景分别来自CMDC的开发策略、卡斯菲尔德保护规划、曼彻斯特《整体开发计划》（*Unitary Development Plan*），以及城市中心的《地方规划》（*Local Plan*）等。在卡斯菲尔德，CMDC制订了《总体政策纲要》（*General Framework Policies*），涉及到旅游休闲、环境建设、零售业、住宅、商业和办公、小汽车和客车停车场，以及城市活动等诸多领域。该公司还试图将与旅游相关的功能导入街区中那些他们认为最适合的地块，包括卡斯菲尔德内港、中心游览区，以及水街（Water Street）和道森街（Dawson Street）地区。为了实施这些政策，曼彻斯特中心区开发公司把街区分为五个不同的类别（见图4.7）。

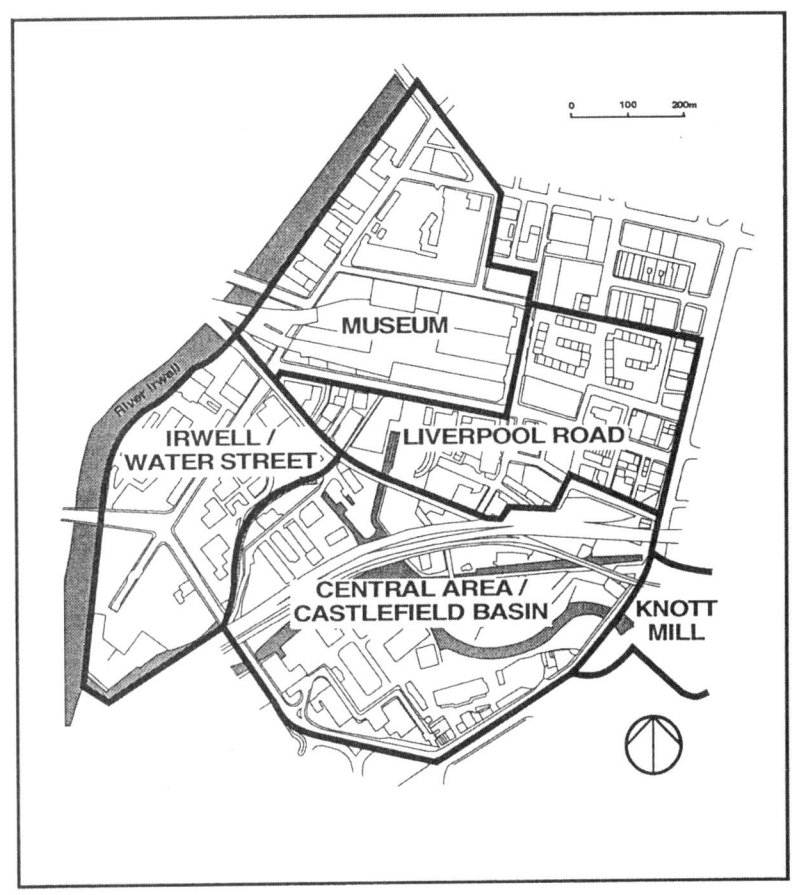

图 4./

卡斯菲尔德区域规划。

　　(i)　位于Irwell河畔的Irwell/水街区构成了与沙尔福德（Salford）的边界，这里曾因调整道路规划而荒废了很多年。这个街区门户的长期策略是提高和强化现有的大规模休闲和零售功能，增加小汽车和客车停车场。

　　(ii)　卡斯菲尔德内港包括历史上著名的码头，其特征就是密布的运河水道系统。这里再次变为生气勃勃的交通要道，船只终年不息。CMDC鼓励旅游业的开发，从而为运河两岸带来生机和活力，它还确定了重要场所改善策略以鼓励旧的产业建筑的更新，例如土豆码头（Potato Wharf）、石板码头（Slate Wharf）、城堡码头（Castle Quay）、煤炭码头（Coal Wharf）和先驱者码头（Pioneer Quay）等。

　　(iii)　利物浦码头区的道路是街区中的主干道，它们将博物馆区、格拉纳达广播电视公司、重要的活动场地、罗马要塞和游客中心连接在一起。

　　(iv)　博物馆区是街区吸引游客的一系列主要观光点中的重点地段，包括格拉纳达广播电视公司、曼彻斯特科学与工业博物馆，还有新的V&A旅馆。在街区的这个部分，CMDC努力通过改善环境和开辟停车场使游客获得一种共同的体验。

　　(v)　花结制造厂（Knott Mill）位于迪恩斯盖特和Albion街之间，拥有传统的为市中心服务的小型商业。这部分街区开展了以社区为先导的振兴。由花结制造厂协会领导，协助建立一个"创造性的工业街区"，并更新那些废弃的建筑。

　　由CMDC提出的许多重要项目如旅馆、住宅区和休闲设施,以及一个表演与信息中心、相关的环境工程、停车场设施改造等现在都已着手进行,其中大部分获得了资金援助。1988年,当曼彻斯特中心区开发公司成立时,正好格拉纳达电视台推出了格拉纳达广播电视公司游览项目。这一受人欢迎的旅游点已经成为常设项目,每年吸引大约60万游客。它同时也成为全国性的旅游项目,促进了包括配套饭店在内的其他相关行业的发展。

卡斯菲尔德管理公司

　　为了协助维护高质量的环境,曼彻斯特中心区开发公司(CMDC)、曼彻斯特市议会、沙尔福德市议会和主要的私人土地业主联手,于1992年4月建立了一家独立的、非营利性质和公私合营的卡斯菲尔德管理公司(CMC,the Castlefield Management Company),它位于卡斯菲尔德游客中心。公司的宗旨是"维护并积极开发卡斯菲尔德城市遗产公园,使之成为重要的旅游目的地"(卡斯菲尔德管理公司CMC,1994 a)。该组织具有两个重要的作用:为游客提供信息服务以及在卡斯菲尔德游客中心和露天剧场组织多姿多彩的活动项目(图4.8),另外就是提供一种城市巡视服务(Urban Ranger Service)。就目前正在实施的主要旅游项目而言,公司的主要

图4.8
卡斯菲尔德游客中心和露天剧场。

目的就是确保有越来越多的人参观这个地区，确保地区的环境质量得到维护。成功的城市管理关系到游客的总体体验，有必要避免让游客看到难看的东西，如乱扔废弃物、人行道破烂不堪、车辆乱停乱靠以及其他扰乱社会秩序的行为。卡斯菲尔德的城市巡视服务（Urban Ranger service）在英国是一种首创，与罗维尔市的城市公园管理员制度作用相同。其目的就是维护城市遗产公园的环境、实施有组织的旅游以及充当游客的信息来源。城市巡视服务的出现也能够清晰地表明，卡斯菲尔德管理公司确实履行了对这个街区进行保护、管理和改善的承诺。

旅游业对卡斯菲尔德的影响

卡斯菲尔德所编制的大多数旅游规划都已实施，"随着原有库房的改造、新的旅馆和住宅的兴建、运河以及两岸环境的明显改观，整个地区已经发生了很大的变化"（CMC，1994 a）。对街区内的旅游设施、公共活动、物质环境和基础设施的投资自然地为当地住宅区和工商界带来了附加的利益。但是，其成本并不总是显而易见的，因此对环境、社会/形象和经济影响进行评估十分重要。

卡斯菲尔德旅游业的发展促使住宿、餐饮、运动和娱乐设施大幅度增长。通过吸引游客和提高他们的消费能力，不仅有益于当地社区，也使整个城市获益匪浅。游客涌入街区会增加在城市服务设施方面的开支，但也为城市带来财政上的收入，为当地社区带来更多的好处。然而，正如比安基尼和苏文盖尔（Bianchini and Schwengel，1991）所说："为这些街区提供更好的设施，不应取代所有人都享有的参与城市生活的权利"。确实，许多反对在历史街区扩大旅游设施的争议都集中于在游客身上花钱而不是在当地居民身上花钱这一做法是否道德而展开的。然而，管理公司一直在促进当地工商界与卡斯菲尔德居民之间的接触，这样做的结果确实减少了如犯罪、故意破坏公物及垃圾管理方面的消极影响。"甚至那些固定的运河使用者也注意到了该地区环境的明显改善"（CMC，1994 b）。

在卡斯菲尔德这种历史遗迹极其丰富的城市街区开发旅游，所产生的经济影响常常被认为具有积极意义。在西欧和美国，许多管理机构把旅游业的增长当作一种机遇，用它来消化城市产业空心化所产生的失业人员。但是旅游业产生的相当数量的就业机会是非全日性的和临时、不定期、非熟练的，而且工作人员的流动性很高。20世纪80年代，人们公认旅游业提供的就业机会（尽管存在消极因素）依然是产业空心化城市中心为数不多的劳动密集型、技术要求低的就业增长机遇之一（英国旅游局ETB，1991）。

结语

卡斯菲尔德具有鲜明的历史和文化背景。工业建筑连同河流和运河体系为卡斯菲尔德的开发提供了重要的物质财富，使它能够吸引投资并改变城市街区的形象。这笔遗产形成这个街区的特色，成为旅游业发展的基础。直至目前，城市振兴最重要的因素包括，曼彻斯特市议会于1982年决定把科学与工业博物馆重新迁入卡斯菲尔德并进行扩建，格拉纳达电视台于1988年开辟了极其成功的广播电视公司游览项目。1988年成立了曼彻斯特中心区开发公司以及1992年成立卡斯菲尔德管理公司，确立了街区的整体开发策略，进一步发挥了卡斯菲尔德因创办这两个重要的观光点而带来的机遇。这些重大举措把卡斯菲尔德由昔日江河日下的工业区改造成为一个传统旅游街区。这些观光点在很大程度上仅仅与这个街区的历史有间接的关系，但却吸引了大量的游客。

自振兴进程开始以来，卡斯菲尔德从一个已经废弃的工业区改造成为全国性的旅游目的地。游客数量从几乎为零增加到一年近200万也证明了这一点。来此参观的众多游客对卡斯菲尔德迈出振兴的第一步做出了贡献。市议会与开发公司一直在采取积极措施，促进更多的住宅建设，这样有助于街区在没有游客的时候也充满活力。

总的说来，街区从旅游业的发展中获益匪浅，对当地居民和商业区来说，旅游业把内城区的不利因素变成了机遇。卡斯菲尔德经历了一个引人注目的重建过程，已经有700多人在街区内找到了工作。这些工作主要集中于服务行业（饭店、餐饮和游客服务等），是过去10年中为满足增长的游客需求而创造的就业机会。另外，大众对卡斯菲尔德有了更加深刻的认识，并重新产生了在街区进行商业投资的兴趣。在这个地区，旅游业带来了就业机会、物质财富增加和形象的改善使卡斯菲尔德成为一个经济繁荣的城市，为其他游览观光点带来了效益。1994年，这个街区甚至举办了全球论坛。加上曼彻斯特申办1996年奥林匹克运动会，这些都有利于将全世界的注意力吸引到这一地区来。

都柏林坦普尔街区

都柏林市中心占地超过200英亩的坦普尔街区位于该市两个主要零售商业中心之间。都柏林城堡和基督教主教堂正好位于它的西面，而三一学院（Trinity College）则坐落在它的最东边（见图4.9）。该地区的一部分原来是利菲（Liffey）河畔的滩涂，

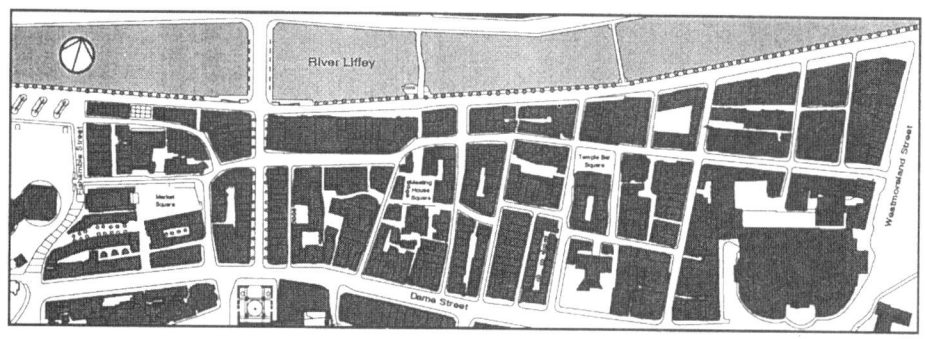

图 4.9

都柏林坦普尔街区平面。街区北临利菲河，东至欧康奈尔(O'Connell)桥和威斯特摩兰街(Westmoreland Street)，南抵达米街（Dame），西到菲莎伯街（Fishamble）。

最早在 17 和 18 世纪时开始开发，原有的街道形式和城市肌理至今仍基本保持完好。

这个地区的历史最早可追溯至 1259 年建造的圣奥古斯丁修道院，但直到 17 世纪三一学院院长威廉·坦普尔（William Temple）把他的住宅建在这里之后，这一地区才真正发展起来。在 18 世纪，居住在利菲河码头区南岸的商人主宰了整个地区，这里成为都柏林的交通枢纽并沿河发展起一套街道体系；18 世纪中、后期，这里转由印刷商、装订商和出版商控制；而到了 19 世纪，坦普尔地区又演变为城市服装和毛纺织品贸易中心（利蒂 Liddy，1992）。这种与时俱进的商业功能使蒙哥马利（Montgomery，1995a）将其最近的复苏归结于这段历史："正是以这种演变方式，坦普尔街区始终保持它作为技艺、创新性、文化和交流中心的地位。现在，始于 20 世纪 80 年代中期的城市复兴标志着它已再次具备了这一领导地位"。

坦普尔街区的衰败与复苏

这种多样化的历史和文化遗产留下了丰富的城市空间结构和街道景观。众多短小狭窄、迂回曲折的街道，从 19 世纪以来其空间结构就鲜有变化。尽管建筑形式已经固化（fossilization），但还是有许多弃置的用地，20 世纪 90 年代初尚有许多建筑状况不佳、急需修缮，尤其是与附近一些重要的写字楼，如证券交易大厦与中央银行等建筑相比时显得差别巨大。

在 20 世纪 50 年代，技术革新逐渐损害了小型制造业的生存能力，坦普尔街区也开始面临公司倒闭、建筑失修等诸多问题。这一状况迫使原先在此盛行的零售和销售公司迁移到其他更好的街区。这种螺旋式的下降趋势持续多年，直至 1981 年爱尔兰国家公交公司（CIE）宣布将该地区作为交通枢纽予以重新开发的计划。尽管该计划可能会毁掉现存的历史空间结构和街道形式,都柏林市政当局还是支持街区的这一发展前景,因为这个构想对于改善都柏林公共交通网络的政策是一种补充。从1981年开始,随着地价下跌,CIE开始获取和积累土地与房产,为拆除和重建做准备。

最终,这一计划未能实施,这反而为这个街区焕发生机提供了机遇。蒙哥马利指出:"自相矛盾的是,虽然在理论上地价和租金的下降会引发一个振兴过程,但实际上只有那些仅能负担短期低租金租约(甚至免租)的人搬入这个地区"。另一个关键时期在20世纪80年代早期,其时作为一项临时性措施,CIE开始出租这些建筑(多数维修状况很差)给各种各样的小商贩。这些临时性功能和十分低廉的租金吸引了那些边缘性和非主流的、常常由年轻人所独享的活动与商业,在城市的其他地区这些活动与商业根本不可能存在。低租金是人们对这个地区重新产生兴趣的关键因素。

到20世纪80年代中期,为数众多的小型商业开始彼此依托,给这个地区现有的文化设施,如工程艺术中心和奥林匹克剧院注入活力。整个80年代,坦普尔街区的复苏不断加强,不仅仅以一个曾遭废弃的旧城区的身份,而且也作为一个充满了"另类文化"活动、情趣、活力以及小企业家互利互惠相互关系的繁荣街区。这里开始吸引某些文化团体,如蒙哥马利所发现的那样:"这些人以及他们所招徕的客人多奉行一种特殊的生活方式,他们工作、构思、交友都是在酒吧、餐馆、俱乐部、会议地点、画廊和其他半公共性质的集会场所……,这些地方及其环境也是探讨新思想、试验新产品、寻求新机遇的场所。"

"文化街区"的新倡议

1985和1986年对这个街区开展了两项重大研究,一是坦普尔街区——未来政策研究,另一个是坦普尔街区研究。每项研究都否定了将其改造为交通枢纽的提议,均强调了历史文化对于街区的重要性。两份研究报告肯定了该地区丰富的建筑形象、传统文化和社区活动,认为这些要素能够改善城市形象,并能促进开发以吸引游客和居民。1988年,坦普尔街区的商人、企业家、社区组织、环境保护主义者和历史学家成立了坦普尔开发委员会(TBDC)。1989年初,委员会建议创建一个文化事业中心和坦普尔街区开发信托基金会,作为该地区文化振兴的先锋。其目的是在1991年都柏林成为欧洲文化之都时使坦普尔街区成为城市的旗舰项目,也借机获得改造所需的投资和支持。TBDC建议购买爱尔兰国家公交公司所拥有的全部资产,主张从三个重要方面着手实施城市振兴：改善环境、整治空间结构、加强对文化活动方面的投资。创立信托基金会的提议最终未被采纳，但许多其他设想后来被坦普尔资产有限公司（Temple Bar Properties Ltd.）理事会所接受。街区的旅游潜力也得到认可，并在1989年的《爱尔兰旅游规划》中予以强调（Lim，1994年）。蒙哥马利描述了坦普尔街区所具有的与政策框架所不同的特性："到1990年，坦普尔作为一个充满新奇感、活力和影响广泛的社会经济各界交流场所而享有盛名，常被人们称之为'都柏林的左岸'。"令人吃惊的是，尽管这里深受欢迎并且具有高水准的文化与经济实力，但直到1990年，都柏林市政府才最终否决了把它改造为交通枢纽的设想。这一改变促成1990年《坦普尔街区行动规划》的出现，当局在规划中指出，在做出规划框架之前，要对土地利用、交通、建筑状况、设计、环境质量和所有权进行详细的调查。这个规划中的许多建议，包括刺激税收、空间改造和开辟一条新的东西向步行街，都在后来的《坦普尔开发规划》中得以实施。

由于都柏林当选为1991年的欧洲文化之都，欧洲人加深了对都柏林的兴趣和了解。1990年，都柏林市政府成功地申请到欧盟基金（European Union Funds），并用所获得的360万英镑专项拨款（ERDF）开展一个试验性项目，以探讨将坦普尔创建为一个文化街区的可行性。随着人们对坦普尔街区品质的肯定，进一步强化了该地区经济振兴的动力。1991年查尔斯·豪伊（Charles Haughey）首相在下院的报告代表了对这个文化街区的一种新视野："坦普尔的目的就是要创造都柏林的文化街区，把这个地区已经自发形成的诸多特色发扬光大。这项工程分五年实施，其目的就是建设一个文化繁荣、居住环境优良和有吸引力的小商业区，以及能吸引大量游客的社区"（自胡克和麦克唐纳，利姆，1994年）。

1991年，坦普尔街区除了获得欧洲文化之都的殊荣外，政府还颁布了两条重要的法令：即金融法令和坦普尔振兴与开发法令。前者落实理顺机制，成立了两家公司：坦普尔街区资产管理有限公司（TBPL）和坦普尔街区振兴有限公司（TBRL）。1991年年底，两家公司都已组建就绪，担负起街区经济振兴和落实政策、实施方案的工作。坦普尔更新和开发法令制订了一系列的经济激励措施以鼓励商业重新安置或继续留在该地，从而创造出新的价值。这些措施包括租金补贴和减免、提供资金补贴以抵消收入税，以及有利的资金供给政策等（参阅蒙哥马利，1995a）。坦普尔振兴有限公司（TBRL）作为政府政策的执行单位，其成员来自坦普尔开发委员会、政府机构、旅游局和地方文化团体。这家公司成立时拥有400万英镑欧盟基金和高达2500万英镑由政府担保的私人贷款，用以收购和整修街区建筑。它还负责落实与该地区开发计划相一致的各种提案，以及将各种可行的经济激励措施付诸实施。

坦普尔资产有限公司是一家国有贸易公司,是作为坦普尔经济振兴的实施工具而成立的,在很多方面它与英国的城市开发公司性质相同。这家公司拥有强制收购相应土地和资产的权力,而且它还拥有爱尔兰国家公交公司和都柏林市政府在街区内的所有资产。这家公司从欧洲投资银行贷款500万英镑作为启动资金,定期五年,以便强化在这个地区业已形成的发展趋势。为了实现其目标,公司成立了三个独立的机构:资产部、文化部和营销部。公司营销部负责若干场所建设的调查并提出建议,这是发扬街区地方特色工程的一部分;资产部既经营地产业务,又协助征集土地,安排准备工作;文化部的作用是确保文化开发项目的实施,并组织"焕发文化生机"的各种活动。

1991年由该公司承办的一次建筑竞赛是它采取的第一个重要举措。它以"坦普尔焕发生机"为题发表于1991年11月(TBPL,1991年)。竞赛要点特别强调了将公共空间的设计纳入总体发展框架的重要性。获奖作品的主要特点是:建造一条新的东西向步行优先的通道、开辟三个新的公共空间、提升利菲码头的品质。这些建议侧重于城市区域的物质环境,通过设计改善街区的开放性和可识别性。

1992年,《坦普尔开发计划》提出了一项详细的混合功能计划,其中包括土地使用的垂直区划(见图4.10)。这一政策注重城市的社会领域,鼓励积极利用底层空间开设零售店、酒吧、俱乐部、画廊和其他文化设施。这有助于街道产生活力,促进夜晚经济(evening economy)的增长,同时增加街区的安全性。对上层楼面的控制相对宽松,允许种种更为"消极"的功能例如居住、办公室等。TBPL在其开发计划概要中承认了坦普尔遗产在表现街区特色和形象时所具有的重要性:"坦普尔有着极具特色的历史、建筑和考古学遗产。坦普尔街区资产政策就是整合对这个地区所有历史的和当代的遗产独特品质的认识,将之贯穿于开发建设的各个方面"。蒙哥马利认为:"只有这样,文化才不会仅仅被看作是附加物,或促销手段,而被当作坦普尔经济和地方意识的一个重要而不可或缺的组成部分。"

文化开发计划

坦普尔资产有限公司利用坦普尔街区的发展良机在国内外提升爱尔兰的文化形象,从而增加它作为文化旅游目的地的吸引力。公司预计五年内的总投资达到1亿英镑,其中3500万将用于文化事业。这个文化计划旨在彰显这个街区的品质及其独特性,利用文化场所招徕游客、举办活动,刺激与之相关的消费和投资。因此,文

图 4.10
1992年的坦普尔开发计划引入一种详细的混合功能计划,包括土地利用垂直区划。
这一政策注重城市的社会领域,鼓励积极利用底层空间开设零售店、酒吧、俱乐部、
画廊和其他文化设施,有助于街道产生活力,促进夜晚经济的增长,同时增加街区
的安全性。

化被看作是环境改善和提升街区形象的关键要素。坦普尔的文化建设重点始终放在
强化其非主流文化活动的氛围和特色方面,而不是建设那些一般化的旅游设施。在
TBPL 和耐克萨斯(Nexus)欧洲咨询公司于1991年所作的调查报告中,显示出文化
对坦普尔所具有的重要性,报告发现街区内33%的商业与文化消费或文化产品有关。

文化开发项目是 TBPL 为街区实施的四项开发计划之一；其他计划分别是资产、零售和住宅建设。然而正是这些重要的文化开发计划成为坦普尔振兴的旗舰项目，它吸引了传媒的注意，并为此获得了来自政府、TBPL、欧盟和其他公共渠道以及私人部分的数量可观的投资和基金。在讨论这些文化项目时，蒙哥马利注意到："每一个开发项目都被看作是地区整体开发（战略上）的一个重要'棋子'，它们是消费和生产空间的一个混合物。"

结论

在坦普尔街区，旅游和文化事业开发是城市建设的重点和商业基础，支撑起其他方面的振兴策略，例如扩大住宅区和零售设施。利姆评论说，一开始人们"显然很担心街区会变成一个人造的和清理过的城市主题公园"。但是现在街区的文化特性如此牢固，使这些担心渐渐平息下来。这种特性也已渗入地方环境之中。事实上，开发计划（TBPL，1992，p.31）强调允许文化活动按其本身规律发展的重要性，从而"使这个地区作为一个艺术创作十分繁荣的场所而进行的有机开发拥有良好的基础"。

要从一个城市的总体旅游经验中区分出对某一特定街区产生的经济影响常常是困难的，因为有些旅游景点、设施和基础设施设在街区之外。但是在这里，旅游景点聚集在同一个旅游区内，项目聚集所产生的主要作用，看来在改变街区过时形象和吸引投资者方面具有更大的影响。因此把旅游景点安置在一个明晰而又可识别的街区中是有益的——例如卡斯菲尔德和坦普尔——它们产生出强烈的吸引力。将各种活动集中在一个旅游街区内给游客和投资者都提供了一个清晰的活动焦点。劳指出："集中的理由在于：游客偏好紧凑、步行化的街区，聚集的设施使城市更能吸引潜在的游客，因为整体的感知远大于局部的总和。尽管在设施和游客数量上存在着临界量，适当提高这种临界点可以支持间接的旅游活动，如旅馆业、餐饮业和零售业。"确实，由于游客花钱吃饭、住宿、购买土特产和其他商品，以及所需要的各种服务会潜在地对地方经济产生多方面的影响，所以出现了大量相关的和外在的经济活动（Mathieson and Wall，1982；Kotler *et al.*，1993）。

坦普尔街区振兴的成功可以部分地从下列统计数字中得到印证：1992年街区中仅有2家旅馆、27家餐馆、100家店铺和200户居民；1996年预计街区内将有5家旅馆、40多家餐馆、200家店铺、2000户居民、12个文化场所和超过

2000 人就业。

坦普尔街区特别强调吸引私人投资，这是与地区需求相一致的。这一点非常重要，因为街区的地方特色依存于许多小型的文化活动，依赖于短期性质的税收优惠和其他形式的支持。这种依赖关系还对许多企业长期的商业生存力构成潜在的困难，并因此影响到未来的地区特色和吸引游客的能力。所以，尽管获得了成功，但就旅游发展而言，要想使街区赖以生存的原有的特色和氛围得到保护，还有很多事要做。

结语

本章探讨的三个案例展示了许多工业衰退的城镇和城市如何改善历史街区和开发旅游业。它们都把注意力集中在独特的或令人感兴趣的历史资产整合上，并提供必要的设施以增加吸引力。然而，如劳所言："在后工业世界，城市之间必须相互竞争、吸引新的活动以取代那些已经丧失的活动。在这种竞争中，城市并非从同一起点出发，其成功的机会也不均等。有些城市继承了较好的资源，有些区位较好，有些则拥有潜力较大的场所。"为了宣传和推销它们的形象，这些街区既需要旅游景点又需要适宜的基础设施，包括会议、展览、艺术、博物馆、文化遗产、休闲活动和一些特殊项目等。要想让旅游在振兴中发挥重要作用，就必须改造现有设施，增加新的景点以及考虑游客的总体体验。其中包括那些增加吸引力、帮助吸引游客的支撑项目，如购物、餐饮和住宿设施，再加上交通、旅游代办处和改善环境等措施。休伊森强调了这种增殖效应："1982 年出版的小册子《保护与繁荣》上刊载了《拯救英国遗产》一文，它强调旅游业本身并不能提供保护老建筑所需要的全部资金。实际上旅游业的成本……有时会超过从游客身上得到的收入……但是如果建筑本身不能从旅游业中获益，经济体的其他组成部分却能获利……主要的经济收益将从交通、住宿、餐饮和零售业获得。在这个意义上，历史建筑是典型的为吸引顾客而亏本出售的商品。"

由于每个街区都有一个旅游开发的总体战略，有关的公共机构就能实施成功的旅游和以文化为先导的振兴策略。然而卡斯基（Karski 1990，p.17）对此提出了警告："旅游开发并非是一剂根治经济和环境百病的万能药……，它仅仅是一整套经济和规划行动的一个组成部分。"许多20世纪80年代以旅游业为振兴基础的城市发现，存在着很多它们无法控制的与工业有关的变量。比安基尼和苏文盖尔注意到："一个相关问题是，旅游……是许多城市更新策略的基础，但它也许不能保证长期的经济可行性，因为旅游业很可能遭受城市之间越来越激烈的竞争的影响，遭受城市自身无法控制的外部经济下滑的影响。"

罗维尔、卡斯菲尔德和坦普尔街区的情况都表明，在城市历史街区开发旅游会遇到许多问题。主要如下：

- 不开发其特色和特殊的品质，所有城市都可能变得雷同；
- 日趋激烈争夺旅游市场的地方间竞争不仅来自历史街区，或者甚至是城市区域。这与那种纯粹以旅游为基础的振兴策略所依赖的长期可行性因素有关；
- 平衡为吸引游客而促进和投资旅游业与为当地社区提供服务两者之间的矛盾；
- 环境问题，包括城市旅游开发的可持续性、基础设施承受力、拥挤和污染等方面也变得越来越重要。

无论如何，旅游业是地方经济策略的一个组成部分，因为在旅游方面的投资也为当地社区带来其他好处，比如公共设施、景点和环境的改善以及游客在这些设施上的消费，使它们更具经济上的可行性。

本章所讨论的三个街区都把它们各自的工业和商业遗产看作是一笔能够进行开发并吸引游客，从而帮助城市特定地区振兴的宝贵财富。在为其他类似的街区提供建议时，很重要的一点是考虑每一个街区在自然、历史、遗产和经济传承上的独特性。在旅游策略开发和开拓旅游胜地潜力方面所积累的经验不太可能直接应用于其他地方。

过去20多年间，从以旅游为先导的振兴行动中获得了相当丰富的经验，也提供了一些具有广泛应用价值的教训，特别是有关旅游振兴的实施原则、技术、手段和步骤等。对个案的研究表现了以旅游为先导的振兴存在三种不同的办法，也都获得了不同程度的成功。罗维尔和卡斯菲尔德都变成文化消费——在博物馆、游览中心和解说节目之中——很普遍的街区。罗维尔在促进旅游业以及随后开发国家历史公园过程中打出工业城市的王牌。卡斯菲尔德同样开发了本区的工业遗产，但它较少依托街区本身的历史，而变成一个更为普通的旅游街区。与它们相比较，坦普尔则以一个文化制作中心的文化氛围和特色向游客进行街区行销。该街区注重活力和生机的创造，同时它们也是城市振兴的精华所在。然而，本章中的各个实例研究也表明，作为综合性发展策略的一部分，在城市振兴中发展旅游业及实施文化先导的振兴能起到一种催化作用。

5

以住宅建设为先导的城市振兴

引言

在城市历史街区中，在购物和办公时间之外，居住功能特别有助于创造一个"活跃的中心"。居民24小时的日常生活对城市街区的活力具有决定性的作用，对城市中心的各种设施也形成了更大的内在需求，同时还丰富了街区功能、提高了用地的混合性。所以，为了振兴历史街区，许多城市都在努力发展居住功能。在寻求建筑空间保护和改善方法的同时，一些城市历史街区也努力保持其传统的居住功能，包括街区中的原居民。将人口从城市中心区迁移到郊区使许多城市中心的居住功能衰退，所以从20世纪80年代到90年代初，越来越多的居民返回中心区，尤其是回到刚刚振兴的城市历史街区。

这一章调查分析了一些通过保留或发展居住功能，使城市历史街区保持多样性并得以振兴的案例。其中一些街区还努力保留现有居民（这是功能保护的一种方式），而其他街区则力图吸引新的、愿意来此居住的人口，或将他们吸引到城市中心。本章一开始讨论了有关居住功能转化与开发的关键问题，包括人口置换和绅士化。相关的研究案例是：巴黎的马赖街区、纽约苏荷区、意大利博洛尼亚中心区、格拉斯哥的商业城（Merchant City）街区和伦敦的沙德·泰晤士区等。除了马赖街区和博洛尼亚中心区，书中所介绍的街区都没有太强的传统居住功能。其中商业城街区和沙德·泰晤士街区还将在第七章中继续加以讨论。

城市中心的生活

随着许多城市活动日渐分散化和新的、高质量办公空间的开发,过剩的办公空间和闲置的工业空间可能使城市中心变得荒废衰败。实行功能转化,尤其是转向居住功能,是确保这些建筑得以有效利用的一种方式。阿什沃思和特布里奇说:"历史城市需要将居住功能作为应对大量闲置建筑惟一实用的办法"。此外,"所谓密集城市",即较高的居住密度、更多公共交通和多功能混合,现在被视为是一种更具可持续性的城市形式。这种提议将减少汽车出行的数量和时间。另外,在中心区一带发展居住功能也会减轻对周边绿地和其他用地的开发压力。必须注意的是,如果存在着一个潜在的住宅供应量,那么同样重要的是——如果不是更为重要的话——要存在一个有效的住宅需求量。

有两个方面的主要原因吸引人们居住于城市。其一,城市的历史特征以及便利的居住环境;其二,区位的优势。这两个方面可能会彼此补充,如阿什沃思和特布里奇所言,在历史建筑中生活的人与那些——尽管住在同一住宅区——有不同观点和其他爱好的人之间有重要的区别。前一组人群看重历史特色并为此在这里生活,他们经常在历史资产上追加投资,支持对它的保护。与之相比,第二组人群相当漠视历史特色,而是优先考虑用地的中心性与可达性,特别是这里的低租金和/或灵活的租期。

在英国,尤其在美国,普遍认为城郊是理想的居住场所。然而在20世纪70年代左右,纽约那些"毫无装饰、带有抛光木地板、外露红砖墙,以及铸铁立面的'艺术家街区'在一些住宅市场中赢得越来越多的关注。拥有经济优势与美学特征的'阁楼生活'成为中产阶级的新宠"。当前,将原先的工业建筑转变为居住功能标榜着一种浪漫、迷人,带有某种特殊的社会印记和文化氛围的时尚。当然它们并不是一直被认为是时髦而舒适的:"直到20世纪70年代,在工业区里安家还明显与中产阶级关于'家居'与'就业'的主流观念相左,也与将家庭和工作环境分离的基本观念相矛盾"(Zukin,1989,p.58)。不过自纽约始,兴起了一种阁楼生活的愿望。苏荷地区最早的阁楼空间来自未经改善的工业建筑,第一批房客将其改造为居住功能。这些"未完成"空间的显著特点是可以根据个人需要进行再加工。

在本书所提到的历史街区中,尽管阁楼和阁楼式的空间十分普遍,但它们并不是惟一的住宅类型。经常还有新建或标准住宅的改造。位于城市中心是这些住宅最具吸引力之处。至20世纪末,城市对中心区的住宅产生了越来越大的需求。

甘斯在其《作为生活方式的都市主义和郊区-都市主义》一书中探讨了人们的"生活阶段"及其地理区位之间的关系。随着越来越多的人推迟生育时间，以及精力充沛的退休者人数比例越来越高，更多的人原意享受城市中心的生活，那里总是热闹非凡而充满吸引力。所以，在城市中心生活的需求不断增长，如果城市中心是安全而舒适的，会有更多的人准备居住在那里。相关人口统计学的结果与这种流行的生活方式联系起来。英国的环境保护部支持这种观点，它把这种在城市区域居住的趋势归结于一种增长的对有特色的住宅的需求、一种在城市中为年轻人和商人提供住宅的需求，以及各类建筑业协会更愿意为资本转化提供有效抵押等等的变化。

在一个没有居住传统的地区创造一种有活力的"都市乡村"，需要经过大量的开发环节，且多年以后才能见到实效。祖金认为，"起初，阁楼生活似乎可以吸引两类居民：居住在郊区而孩子已经长大离家的父母以及那些长大成人、正在购置自己第一幢住宅的孩子们"。由于许多中心区缺乏一套支撑居住功能发展的基础设施，早期迁来的居民就成为探索者。然而，似乎现有住宅市场中能够体现城市中心生活且引人入胜的产品十分有限。

人们注意到，妇女，尤其是寻欢作乐的男女，经常比其他社会成员更愿意生活在城市中心，纽约情况就是这样。除了三角地西侧，那儿的同性恋男子引导和控制着街区的绅士化进程。而在其他地方，女性人口比例均大于男性。祖金注意到，在苏荷区，许多引人注目的阁楼建筑中居住着女权运动者和同性恋者。"在第一代参与艺术家阁楼生活合法化运动（1969~1971），或把阁楼图片发表在杂志上的苏荷居民中，只有相当少的一部分是单身男女或（男性）同性恋夫妇"。开始时，这些社会团体将这里看作是城市中心的一块隐匿之处，后来这里成为他们团结奋战的基地。马库森（Markusen，1981，p.32）把它归结为家长统治式家庭的破裂："随着中心商务区工作机会的增加，同性恋者、单身和职业夫妇家庭发现了中心区的吸引力……新居民一般由有两份（或更多）收入的职业家庭所构成，这种家庭既要求相对中心的城市区位以提高家务活动的效率（商店较近），又需要市场化的服务来取代家务劳动（洗衣店、餐厅、照看孩子等）。"在某种程度上这可能是因为妇女比过去更富裕。同样它也反映出城市在应对一种更为复杂的生活方式时的必然发展。

自然地，以住宅为先导的振兴几乎不可避免地会导致街区功能及其社会特性的变化，这通常称为绅士化。也就是说，那里低收入的居民或功能被高收入居民或功能所取代。阿普尔亚德很中肯地描述了绅士化过程是怎样逐步地发展起来的：早先的移民们对移居地生活和环境特性的影响微不足道,他们通常也受到当地居民的欢迎。不过,这些人不愿意生活在与周围居民同样的环境中,所以他们经常对住宅进行改善,这样就吸引来了更多的人。最终尽管大部分的原有空间特性得以保留,但邻里却变成了一种混合的社会。对于传统中产阶级来说,这里既"时髦"还相当安全。于是房地产投机者开始积极参与房产的购买、改造和销售,使街区失去其"生命"和"完整性"。那些"先驱"移民们比原先的工人阶级居民更加怨恨绅士化后对原有特色所造成的破坏,老的酒吧和酒馆倒闭了,取而代之的是精品店、画廊,特别是各种商店和高档餐厅。每个人都为这个地区传统特色的消亡而难过,尤其是那些将它推向末路的人。阿普尔亚德认为,"具有讽刺意味的是,许多对绅士化改造的抱怨来自于那些先驱者"。但正如第二章所指出的,这类的功能置换发生在所有方面,而不仅仅是居住方面。

案例研究

与英国和美国不同,欧洲大陆在建设多功能混合城市街区方面具有悠久的传统。所谓多功能既包括工作场所又包括居住空间。多功能(工作、居住、休闲等)已被视为促进传统城市活力的一个关键因素,住宅开发扩大了历史街区的使用范围,这既带来利益也产生冲突。由于交通的发展,人口普遍从城镇和城市中心向外迁移,大多数城市通过郊区化向周围扩展,导致了工作场所与居住地的分离。现代主义者追求功能分区的规划理论和实践更加重了这一分离。然而祖金注意到,在纽约的苏荷区,适于居住的阁楼,尤其是在现有的制造业地区,再造了早先"多功能"的城市邻里:"象征性地,阁楼生活的多功能把家和工作协调起来,并且重现了原先城市的一些活力"。可以认为,这种多功能的活力更有望在居住功能渗入传统工业和商业区的地方涌现出来,正如现在所发生的那样,而不是在那些工业和商业功能侵入已建成的居住区的地方。

由于工业化以不同的方式进行着,欧洲大陆的街区中也有少量像在英国和美国城市中那样的仓库区。但这类大陆街区的建筑形式和景观是不一样的。在将要讨论的马赖地区和博洛尼亚中心区,那里的改善与振兴是抗拒绅士化及置换原有居民的一次尝试。实际上,这是一个对现有居民社会或功能的保护,也是对历史空间结构的修复。与玛莱斯和博洛尼亚中心区相比,本章所探讨的美国和英国街区不是传统的居住区。不过,由于日渐增加的多功能状况,它们也与欧洲大陆的街区理念越来越相似。

巴黎马赖街区

　　马赖是巴黎的一个特色街区，为有钱贵族建造的乡村式住宅群中穿插着建于16、17世纪的豪华公寓。这些宫殿式的公寓紧邻一个由狭窄的街道、小巷和院子构成的迷宫中，与更现代的住宅挤在一起（图5.1）。这些不朽的作品与世俗平常的肌理之间的对比形成马赖的空间特征。马赖有着独特的功能，"它一直并且仍然是

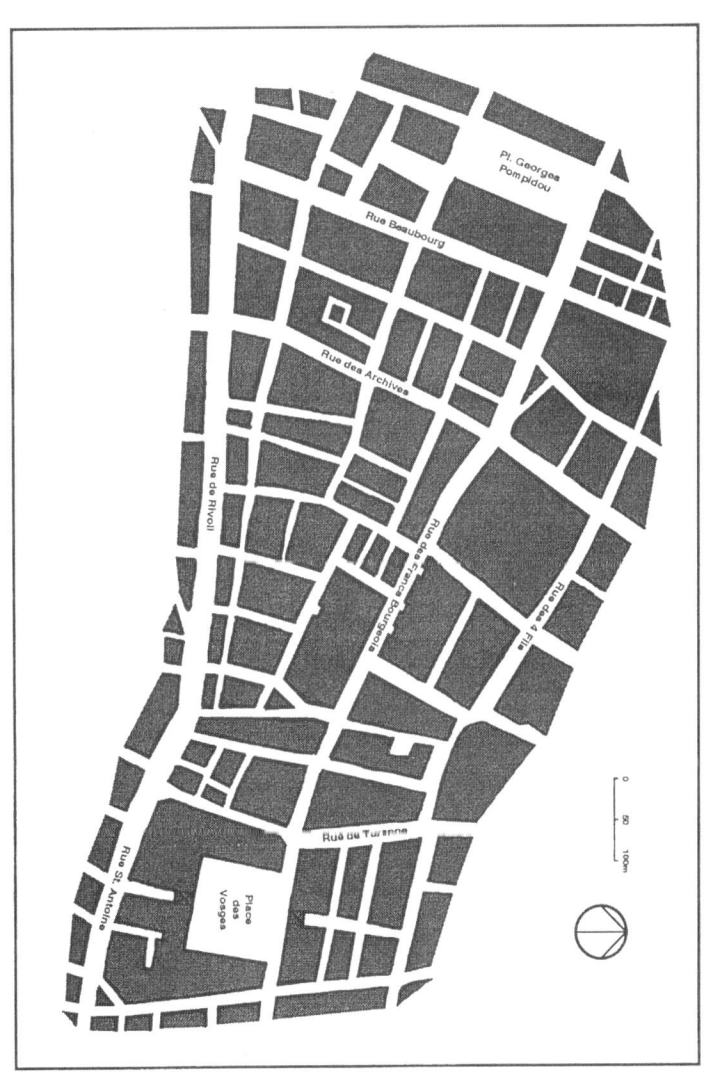

图 5.1
巴黎马赖街区平面。

高级专业技术的中心：包括珠宝商、钟表匠、枪炮制造业（在中世纪则为剑和盔甲）。还有与高级女子时装业相关的特殊行业，如花边、缎带、纽扣、人造花，以及精细器皿等"（Fitch，1990，p.67）。现在，许多技术工人仍在这里工作，他们的商店、作坊和工作室仍旧排列在街区的街道两侧。以前，他们中有许多人居住在这个街区。然而，生活水平的提高使他们离开街区的低标准住宅，而搬到郊区更为现代的住宅中。早在20世纪60年代初，这种威胁就已经存在了，他们迟早会将作坊搬离马赖。

马赖在法文中是"沼泽地"的意思，这里直到16世纪中叶都是沼泽地，并没有什么建设。其时该地块是为贵族和中产阶级所预备的。1605年，亨利四世下令建造皇宫（即现在的 Place des Vosges），受其影响，这里在17世纪开始大规模开发（图5.2）。与皇宫以连续立面面对广场的形式不同，17世纪在马赖建造的旅馆采用了相互分离、独立的宫殿形式，墙体与周围完全分开。同时期在马赖建造的住宅则采用更为节制的手法：底层通常用于店铺和作坊，而居住设施则分成可供出租的房间，而不是一个个的独立公寓。

图 5.2

Place des Vosges（原先的皇宫），亨利四世建于1605～1612年。

到17世纪末，马赖已经相当拥挤。新郊区在南部的St Germain和西部的St Honore发展起来，由主导风向带来的新鲜空气，也使时尚的有钱人认为这里更具吸引力。即使国王把他的宫廷搬到了凡尔赛，中下层中产阶级的人仍不断涌入马赖。1789年革命以后，从教会和贵族手中夺取的资产被拍卖，马赖的买主主要是工匠、商人和店主，他们把新获得的房屋改造成小作坊、店铺和中等水平的居住街区。

至19世纪，马赖区已经衰败不堪，这里居住着贫穷的工匠，公寓周围挤满了各种行业的人。由于手工艺的不断发展，人口密度越来越高，只好将现有住宅再分为更小的单元或增加楼层以满足需求。建筑底层的每一个可用空间都被用来建造作坊和工厂，甚至连庭院——有许多曾经是私人消遣的花园——也盖上了屋顶，但这些建筑的卫生设备非常简陋。这一演变过程与第六章所描述的珠宝街区（the Jewellery Quarter）非常相似。

除了这种建筑的紧张状况，由于道路建设和清除计划（该计划最终被放弃），马赖经历了一个漫长的衰败史。这种衰败最先始于19世纪初的道路建造计划，在本书所有的案例中它的历史是最长的。作为巴黎整治的一次尝试，道路拓宽计划始于1820年。同时，法律规定禁止对位于已批准的道路拓宽红线上的任何建筑进行改造。尽管编制了许多道路拓宽计划，却只有极少数得以实施，而长期以来立法仍保持有效。因此，马赖的许多建筑实际上已被判定其后遭到废弃的命运。1832年，一场严重的霍乱瘟疫横扫巴黎，城市随后对供水、街道排水和污水处理进行了普遍的改善。但不幸的是，道路拓宽涉及到的建筑不允许与干管连接，所以马赖的大部分建筑没有从这些行动中获益。1853～1870年间，奥斯曼男爵庞大的第二帝国巴黎改建计划提议新建两条穿过马赖的大道。尽管这些道路一条也没有建成，毁灭性的修建道路计划则进一步加剧了这个地区的衰败。

至19世纪末，巴黎肺结核的死亡率已经达到了流行的比率。19世纪90年代的一次调查显示，在六个地区中查出比率极高的肺结核患者，因此中心城区被称为危险区（Ilots Insalubres）。一号危险区位于马赖西边，二号区覆盖了这个地区非常靠近核心地段的15hm²范围。危险区的数量后来增加到17个。许多人认为清除贫民窟是惟一的解决办法，其中包括勒·柯布西耶，他在1925年提出的巴黎规划中建议拆除巴黎老城的大部分（见图3.1）。实际上一号危险区的相当部分已于20世纪30年代早期拆除（这块场地直到建造蓬皮杜中心时仍空置着）。进一步的清除因20世纪30年代的大萧条和第二次世界大战而停止。尽管注射防疫针为根除肺结核提供了一种有效的方法，一些危险区仍难逃被拆除的厄运。

马赖的保护与振兴

在取得战后再开发的初步经验后,针对马赖和其他地区所提出的拆除计划最终引发了一场从推土机下拯救巴黎历史街区的社会运动。早在20世纪40年代,保护主义者乔治·皮尔蒙特(Georges Pillement)就认为,像马赖那样具有特殊历史特征的街区,应该加以保护和改善。他提倡对马赖进行修复与整治,并提出一种"刮除术"(Curettage)方法:清除自大革命以来建筑上的"寄生物"和其他加建,恢复内庭院和花园的原状。

20世纪60年代初,共有74000人住在马赖,密度为585人/hm²,而整个巴黎的密度是300人/hm²。这个街区70%的家庭缺少户内厕所,建筑密度(包括道路用地)超过85%,而巴黎整体是55%。无论如何,它的历史特征总算被人注意到了。保护主义团体获得了街区内一些著名建筑的产权,并且开始进行修复。其实法国于19世纪中叶就已制定了保护历史建筑的管理条例,但直到1962年才提出保护像马赖这类具有历史特征的街区的法律规定。1965年,马赖被指定为巴黎的第一个保护区(secteur sauvegrade),用地大约120hm²(310英亩):"为了确保这个街区别具一格的历史特性能够得到保存和改善,区内建筑未来的变化及其边界的划定都需得到政府的正式许可。再者,政府应有绝对的权力对任何建筑或建筑的任一部分实施拆除或保护"。

除了具有保护区的地位,马赖的财富就是那些"登录"建筑:共有176栋文物级(monuments classes)和526栋历史名录级(monuments inscrits)建筑。在确定保护建筑时,法国倾向于登录比英国更少的建筑。在英国也许是"高限登录",而法国则采取"低限登录"的方法。可能这种比较相对困难,但一般认为,如果这些法国建筑放在英国,那它们都属于一级保护建筑。划定较少保护建筑的结果,就是它们会得到更加密切的关注和更加严格的控制。对于上述两类登录建筑,其限制措施不仅针对建筑及其用地本身,还涉及到其周围500m的范围,政府对控制区实施保护并为此提供相当的资助。对于保护要求较高的文物级建筑,要求业主和政府之间遵守特定的协议。它允许业主从政府获得修缮和维护所需资金总额的50%的补贴。作为回报,没有部一级的同意建筑不能作任何改变,同时一些建筑要向公众开放。视对公众开放程度的不同,维修成本的50%~75%可用来抵消税金。政府部长最高可能支付历史名录级建筑修缮费用的40%。许多有特色的公寓转变为博物馆,如毕加索博物馆、Carnavalet博物馆、Kwok博物馆和de la Serrureria博物馆等。

　　1962年的保护法要求在两年内制定出一个策略规划。在这期间，不允许进行任何改变建筑结构或外貌的工作。在保护策略既经制定并获通过后，不经允许不能进行任何新的建造和改变。业主进行规定的工程可获得20%的补助金和60%的贷款，但是如果业主拒绝开展必要的修复工作，他的资产就可以被征用。为这些工程提供的公共补助金相当可观，即使在1966年，保护区内的保护成本估计达到每英亩100万英镑以上。规划集中在对街区历史环境的整治与修复上，特别针对19世纪街区的

图 5.3
马赖是一个充满活力的多功能街区。

增建、加建和过度建设。皮尔蒙特提出了"刮除术"概念，建议大量拆除"寄生"建筑，其中包括有1万人使用的约1000栋住宅和作坊。正如多比（Dobby，1978，p.75）所描述的，街区决心回复到"有点像它在1739年的外观：庭院、广场和著名的Turgot规划的花园，而汽车停在下面的车库里"。

保护策略最后于1969年公布，它指出对古建筑的破坏非常不得人心。然后人们对规划进行修改，并采取一种对建筑环境影响较小的整治方式，其中规定应尊重并重新认识马赖的活力和社会多样性。其目的不仅是为了几千栋建筑的整治，还要稳定和保护这个地区传统的社会混合性。此外，人们采取了一种更为灵活的"刮除术"以鼓励小商业继续留在这个地区。比如，虽然拆除对于整治马赖的建筑氛围是较为适宜的，但考虑到如果企业能够连续使用某些建筑，将对促进这个地区的活力带来积极的作用，所以应当推迟拆除。

结语

尽管在马赖街区已经开展了建筑保护和整治，但作为功能置换和绅士化的结果，街区特征的变化成为最突出的问题。无论如何，虽然代价昂贵，这是一种相对成功的物质空间整治，就其保持多元化社会和本地居民的目标来说，振兴过程只取得了有限的成功。作为佐证的是20世纪70年代晚期巴黎选举中使用的标语"保护等于放逐"，马赖作为剧烈的社会变革的实例而声名狼藉。伯滕肖等人指出："自从开始实施保护计划后，共有2万居民迁出，而仅有很少的居民迁入，这就出现了一连串的修复、租金提高和社会结构变动的情况。地价升高是工人阶级住宅及小作坊被高租金公寓所取代的结果还是原因并不清楚，但很明显这个地区的功能发生了变化。"此外，多比指出，有一种批评观点认为历史保护在法国，尤其是在巴黎，"与路易·拿破仑皇帝时期的奥斯曼城市清除计划具有相似的作用，由于失去住处和提高租金，工人阶级再次被赶到城市边缘地区"。不过，由于内城居民郊区化这一普遍性的历史进程，即使没有这个计划，究竟有多少原有居民会保留下来还是有争议的。

博洛尼亚中心区

博洛尼亚中心区与马赖地区有许多共性。有8万人生活在这个城市历史中心区，它共有四个街区。与马赖地区一样，这里所面临的问题是阻止现有人口被置换，或用别的方法选择迁移到城市郊区。博洛尼亚的storico街区是周长约2km的不规则六边形。它的周边是以前城墙的位置，有些城墙现在仍保留着。在六边形内，道路形式是罗马式方格网格局，周围环绕着放射状的中世纪规划。

在20世纪60年代早期，像很多古老的意大利城市一样，博洛尼亚中心区的物质环境很糟糕。尽管有罗马式街道景观，但大多数住宅是低标准的。与马赛一样，这个地区的人口大多是本地的，许多家庭在那儿住了很多代。然而，由于居住条件很差，社区中越来越多的年轻人和活跃分子搬离了这里。共产主义者控制的城市当局也担心城市中心性质和功能的变化会威胁到具有历史特征的建筑的整体性：在连片住宅中点缀着大型建筑、宫殿、修道院和教堂，它们形成一个和谐的整体。

在20世纪50年代的快速增长以后，到60年代城市人口终于稳定了下来。根据1955年市政府的规划，城市人口将达到120万。而在60年代初，市政府却试图阻止城市进一步增长，规划人口降低到60万，后来又降至50万。在这一过程中，日本建筑师丹下健三（Kenzo Tange）为博洛尼亚北部所作的规划遭到人们的抵制，这是一座为安置从城市中心迁出的人而兴建的新城。

1969年，政府编制了新的城市总体规划，继而通过了一项长期发展纲要。但是所采用的规划方法被评为"既是独裁主义又是僵化的保守主义／保护主义（conservative／conservationist）"，阿普尔亚德说，博洛尼亚的口号是"保护即变革"。市政当局将历史中心（centro storico）物质环境的保护和居民生活水平的提高放在同等重要的位置上。正如菲奇所言，城市认识到介入"保存二者，即外壳及其内容的必要性，不仅要改善物质环境、提高服务和设施的水平，还要促进整个决策过程中的民众参与"。规划的主要目的是，对城市现有空间结构进行全面整治和修复，包括增加完善的社会服务体系和公共设施，更重要的是，要创造一种更宜于居住的城市环境。进一步讲，为了更好地整合不同的交通和土地使用模式，城市还将整个保护进程与维持街区原有功能及社会形态关联起来。这种方式是作为与城市新的投机开发和更远的郊区开发相对照的一种选择而提出的。

1969年的规划是建立在对城市建筑和开放空间的综合和深入的调查基础之上的。为"一种正确的城市更新方法"制定导则的任务就落在意大利著名规划和建筑史学家莱奥那多·贝内沃罗（Leonardo Benevolo）教授身上。贝内沃罗提案的关键思想是建筑类型，如建筑立面或风格，是一种城市特征而作为历史遗产的一部分予以保护。1969年的规划划定了13个保护区，它们都建设过度且对私人投资商缺乏吸引力。其中5个保护区作为试点开展保护工作，影响到大约6000人。到现在为止所有 13 个保护区都已完工。

市政府起初提出了一个征用城市中心建筑资产的计划，用公共资金加以整治继而将其用作公共住宅。1971 年，一项新的住宅法案（Legge sulla Casa）获得通过，这样就使当局能够以低于市场价的补偿金来征收未建成和已建成的房地产项目（unbuilt and built up real estate，见 Cantacuzino and Brandt，1980，p.7）。第一份详细的整治规划于 1972 年 10 月颁布，然而，不仅从中央政府获得的资金不足于支撑这

图 5.4
博洛尼亚中心更新后的街道。

项活动，它还引起业主的强烈反对。博洛尼亚中心的房地产掌握在许多小业主的手中，他们靠向学生出租房子谋生。如果这些业主的城市资产被按照农村的价格征用，他们的生活就会陷入困境。于是邻里委员会威胁要全体退出共产党。

1973年3月通过了一个修正方案。继续征用闲置的住宅和那些危房，这次市政府把主要目标转向为街区提供补助金，并努力签订一项长期协定，以此保护租户不受租金增长和被逐出的困扰。政府保证私人业主按资产持有比例获得整治补助金，补助数量与个人资金来源和资产持有量大小成反比。要获得补助金就必须向原有居民提供修复过的住房，但只收相当于修复前房屋的租金。

结语

拥有各式富有特色的长达20英里的拱廊街道、宽阔的林荫道和广场，博洛尼亚现在是意大利保护最好的历史中心之一，规模仅次于威尼斯。它因物质环境十分整洁而更胜于威尼斯。大部分原有居民继续生活在这里，但在整治改造的过程中，减少了独户住宅数量而增加了公寓的数量。所以，这个地区的社会结构随着更多学生和单身家庭的涌入而改变了。博洛尼亚历史中心同时也成为第三产业的中心，这里现在是一个汇集了居住、大学生活动、文化旅游、小型贸易和商业等功能的地区。原先位于中心区的工业已经搬到郊区，它们利用城市保护与整治的机会以城市价格卖出现有用地，再以农村价格买入农业用地。

纽约苏荷区

苏荷是曼哈顿的一个街区，以阁楼生活（Loft Living）而闻名。莎伦·祖金（Sharon Zukin）对这里的现象进行过最为中肯的报道："20世纪70年代早期，纽约成为阁楼生活的先驱和样板"。SoHo这个名字是20世纪60年代发明的，它源自街区的区位，即位于休斯顿大街南部（South of Houston Street）。这条大街是一条将格林威治村（Greenwich Village）和SoHo分开的东西向干道。这一街区之所以独特，在于它拥有大量19世纪中叶的铸铁建筑，这是一种采用了早期模数结构技术的建筑形式，立面和框架均为预制。自19世纪80年代之后，随着钢框架和安全高层电梯的发展，建筑已经能够建得更高，铸铁建筑也就不再流行了。但正是大量集中开发的铸铁建筑形成了苏荷十分独特的街区特征与整体性。

铸铁技术的吸引力之一，是便于仿制传统上用于更精致的商业建筑上较为昂

图 5.5
这个街区最重要的作品之一是位于百老汇大街 488~492 号的豪沃特（Haughwout）
大厦，约翰·盖诺（John P. Gaynor）设计，1857 年建成。

贵的石头。把一些仿制得非常好的铸铁立面与石造建筑立面区分开来的惟一方法
只能是采用磁铁。铸铁能够流行是因为它的低成本，以及铸铁形式达到与砖石雕
刻同样效果所需的时间更短。铸铁建筑立面本身以对砖石建筑的模仿取胜，大量
使用古典装饰，常常采用"意大利风格"（Italianate）和"法兰西第二帝国"（French
Second Empire）风格。这个地区还矗立着詹姆斯·博加德斯（James Bogardus）

图 5.6
苏荷的布鲁姆街（Broome Street）和格林街（Green Street）保留了美国
最大的连续的铸铁建筑立面。

的几幢建筑，他在全美各地建造铸铁建筑，其中包括圣路易斯（St Louis）的滨
水区。

　　曼哈顿的苏荷原先是一个居住区。到 19 世纪末，大多数住宅都被推倒建为工
厂，工厂的立面掩盖了那些骇人的工作环境，它们被城市消防署称为"数百英亩的
人间地狱"。直到 19 世纪末，苏荷还是纽约的商业和干货贸易中心。在 20 世纪，这
里转变为轻型制造业，尤其是纺织业区。在这段时期，苏荷也是纽约移民潮中最大
的就业场所。

　　在 20 世纪 50 和 60 年代，这个地区因一条规划中的高速公路而陷入衰退，它

不仅彻底摧毁了该区，还影响到纽约其他独特而有活力的邻里，如小意大利（Little Italy）和中国城（China Town）。另外，苏荷位于下曼哈顿（Lower Manhattan）金融中心与中曼哈顿（Mid-Manhattan）公司总部集中区之间，这种区位使它更易成为改善二者之间空间联系的宏大再开发计划的牺牲品。从20世纪50年代开始，由于生产萎缩和其他各种原因，越来越多的小公司和商业开始离开SoHo。不过，也有一些公司选择了留下。祖金指出，这首先是因为公司聚集成群的好处在于为商业客户提供最大方便，同时公司也可以利用邻居的供应和服务来省钱。其次，聚集也降低了生产成本。直到20世纪60年代末，阁楼的租金既便宜又稳定，同时城市劳动力的供给，尤其是低技能的劳动力既充足又廉价。然而，空置的阁楼却不断增加。

有些人很愿意搬到空置的阁楼中。艺术家寻找他们可以居住和工作的低租金空间，但要有高大的屋顶和相对开敞的开放空间以适应日渐增加的工作，他们发现空置的阁楼合乎理想。所以，不太容易获取商业租金的房主很欢迎艺术家。房主对艺术家房客很是热情，他们的热情部分源于一个事实，即如果计划中的高速公路最终通过而且建筑被征用的话，他们的补偿金的数量将取决于建筑中房客的数量。只要高速公路还是一种可能实施的计划，政府官员就会忽视艺术家们非法居住在原属于工业区的建筑中的这个事实。同样，违反建筑和防火规范的情形也普遍被城市执行机构所忽略。所以，尽管是无意识的，这个地区的功能重组还是得以实现。

当住房租金逐渐提高，迫使更多制造业公司迁离这个街区时，就导致了第一波功能置换的浪潮。"新的住房租金高于现有的制造业租金……居民对阁楼不断增长的需求导致进一步的租金上涨"。当然，如果艺术家出价高过他们，则证明了那些公司软弱无能。当居住于阁楼的需求扩大到与艺术无关的一般性住宅市场时，进一步的置换浪潮开始发展。市场的需求鼓励房主增加供应，似乎他们是在新的基础上操作着常规住宅市场。

1969年，修建高速公路的计划被放弃了。这是通过历史保护主义组织——铸铁建筑之友——的活动才实现的，他们很担心苏荷这个铸铁建筑独特的集中地有可能会消失。不过，艺术家与保护主义者虽然因共同的目的而联合起来，但他们的兴趣却各不相同：艺术家保护自己的家园和工作室，保护主义者保护建筑。艺术家通过传媒开展宣传并引起关注，他们组织了许多基础调查工作来协助这场运动。1973年，苏荷成为纽约市第一个由景观保护委员会正式指定为历史街区的商业区。

大约在同时，城市当局采取行动允许并使这一既成事实合法化，即艺术家在被划为工业功能的建筑里工作和居住。有人担心这种合法化会进一步鼓励对商业，甚或艺术家本身的置换。1971年，当城市首次确认艺术家对阁楼的利用合法化时，也作出了两个决定性的限制：首先，大型工业建筑禁止转化为居住建筑，而在较小的建筑中，地面两层保留为商业功能；其次，非艺术家禁止居住于苏荷区，为此成立了一个艺术家鉴定委员会以甄别新的居民。然而人们公认，城市在执行这个要求苏荷居民必须是艺术家的管理策略方面失败了。因为对是或不是一个艺术家的界定很不清楚。还有些轶闻趣事说一些专业人士差不多通宵达旦地创作艺术品来表明他们的艺术家身份，因此才有租赁住宅的保障。

在艺术家搬进苏荷的阁楼中居住和工作后，艺术画廊也开始开放。因为既然阁楼空间作为工作室对艺术家有吸引力，它们对画廊同样也有吸引力。1968年，第一家苏荷画廊开张了，到1978年，该区共有77家画廊。艺术画廊由于引入街道层的活动而对街区的特性做出重要的贡献。几乎同时，一批餐厅、咖啡厅和酒吧开张以满足越来越多的居住人口的需求。尽管在一定程度上画廊的繁荣反映出20世纪60年代艺术市场的普遍性扩张，但1972到1977年间苏荷画廊数量的急剧增长"反映出新艺术和新邻里的市场价值"。

20世纪70年代早期，尽管依然不合法，一个更为主流性的住宅市场在苏荷形成了。到1975年，阁楼的租金与公寓租金已不相上下，以独立的成套居住单元计租，阁楼不再比普通公寓更便宜了。作为承租户，艺术家更容易因租金的变化而受到伤害，因为几乎没有对租金的增长进行控制或限制的措施，并且租约的续订也没有保证。房主为了寻求他们的利益和回报最大化，便在租期结束时提高房租，使艺术家被迫迁出。另外，艺术家还无权要求对他们在居住期间为改善阁楼而支出的成本进行任何补偿或赔偿。但房主却能向新房客索要与修缮价值相当的"额外租金"。这些因素进一步刺激了市场，使阁楼转手更为频繁。

20世纪70年代中期，苏荷住宅市场的开发倾向引起了专业开发商的注意。直到1975年左右，纽约适于居住的阁楼一直面临祖金所说的"法律模糊状态"。反对在阁楼居住的法令已经缓和，即地方建筑法令和区划的限制还停留在书本上，并未强制执行。而职业开发商要进入市场就需要结束这种状况。为了减少他们的风险、保护其投资，这些开发商想从城市当局获得开发苏荷的规划与区划政策方面的保证。首先，开发商和金融家都要求承认阁楼功能转化的合法地位。因为如果房客有随时被驱逐的危险，就不可能建立稳固的住宅市场。同样，如果城市又回到支持制造业的政策，开发商就不情愿过多地涉及该地区向居住功能的转化。再者，如果开发商可以利用再开发获得更多利润，那他们就不想整治老建筑。所以，到20世纪70年代中叶，开发商建议废除所有针对面积、规模及能够转化为居住功能的建筑物在法律方面的限制，取消非艺术家在阁楼居住的法律障碍。

在曼哈顿的制造业进一步空心化之后，苏荷住宅市场的合法化就决定了它未来的发展方向。纽约房地产委员会（the New York Real Estate Board）在1975年关于阁楼建筑的报告中指出，这类建筑已不能再用于制造业："本地区的制造业没有恢复的迹象，它的税收基础也已不纯"。该委员会的确做出了一个有利于发展居住功能的预测："对公寓和已改变功能的建筑的强烈需求……预计能够支撑住宅数量的大量增加"。

尽管没有达到开发商所希望的程度，也没有达到他们所希望的速度，各种保险和承诺逐渐确立了苏荷作为一个居住和多功能街区的地位。而职业开发商的加入将确保苏荷所要进行的功能重组，继而成为一个多功能区。其中由艺术家和制造公司占据的高价位住宅数量将大大增加。不过，纽约城市规划委员会（the New York City Planning Commission）在1977年的一项研究中发现，曼哈顿区91.5%的阁楼功能转变是不合法的，只有8.5%是合法的。一种更普遍的住宅市场开发所导致的结果是，为了获取更多的利润，以前"高级的"阁楼现在变成阁楼公寓。这些是相对普通的公寓，不过还具有充分的工业特色，仍保持着阁楼的概念，但尺度大为减小。祖金提到1977年对阁楼建筑进行的一个私人调查时发现，适合居住的阁楼每平方英尺的平均租金为一年2.28美元，但是转化成阁楼公寓后的平均租金是7.68美元。

结论

苏荷通过一种以住宅为先导的重建进行振兴并不是一个有计划的过程，这一点很值得注意。实际上它是一个以市场为先导的重构，尽管最初是不合法的，但是为市政府所容忍并且最终在事实上使这种状况合法化。不过，合法化也改变了振兴的实质，导致原先的居住人口——艺术家——被置换，并且产生了一个非常昂贵但是更主流的住宅市场。在街道上，只有极少数建筑看得出有过改造和功能转化的迹象，实际上几乎没有什么立面经过修复，许多还呈现出破败的状况（见图2.2）。有些油漆过，但是盖利注意到："科林斯式柱头的叶子没有更换；柱子和檐口破损的地方没有重铸，宝瓶没有放回到檐口上等等"。另外，街上卡车的存在及其数量证明这儿事实上仍是一个重要的工业区。

　　在苏荷的影响之下，美国许多城市的传统仓储区现在都开辟了居住社区：例如波特兰的斯基德莫尔（Skidmore）老城和费城老城。这些城市的发展过程各不相同。格拉茨与弗赖伯格（Gratz and Frieberg，1980，p.15）说道："没有哪座城市能拥有像纽约那样多的艺术家，也没有太多的城市有纽约那样的高租金和低闲置率。"所以，当有些城市还没有产生如曼哈顿一样强大的住宅市场时，对居住功能的重建或多或少都只是一种想像的过程。

　　到20世纪70年代，从苏荷置换出的艺术家区往南搬到三角地和曼哈顿、布鲁克林的其他地区。三角地是20世纪60年代的另一项发明，它是"运河街下面的三角"的缩写（见图5.7），其范围从运河街南边到钱伯斯（Chambers）街，西面从百老汇到哈得孙（Hudson）街。这是一个比苏荷更安静的街区，也是曼哈顿发展最快的一个居住邻里。尽管缺乏统一的建筑特性和苏荷那样的独特风光，它是由一系列

图 5.7
纽约三角地。

改良过的铸铁立面仓库、新公寓大楼、创新的艺术画廊、新型俱乐部和餐厅等建筑
组合起来的折衷主义大杂烩。

格拉斯哥商业城街区

自18世纪最后一次规划后，格拉斯哥商业城第一个从拥挤、肮脏的中世纪大街
向西扩展。这个"新城"的扩张是因为格拉斯哥商人在18世纪聚集了大量的财富，
并且构成自中世纪以来城市的第一次重要的发展（格拉斯哥城市委员会，CGDC，
1992，p.1）（图5.8）。商业城的历史景观大部分完整无缺，涵盖了250多年的建筑

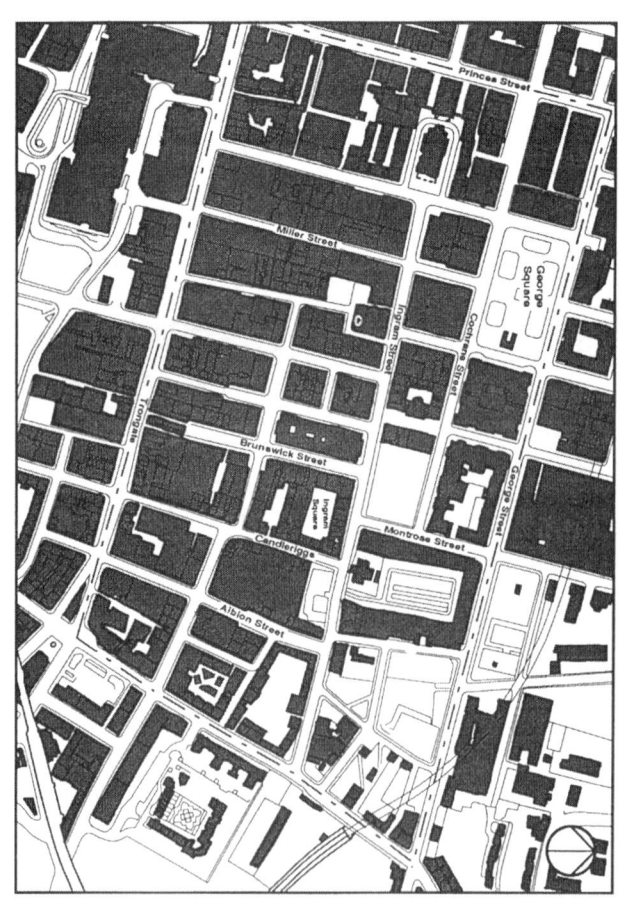

图 5.8
格拉斯哥商业城平面。

图 5.9
向哈钦森街眺望，尽端是哈钦森医院。在商业城中，尽端远景产生了重要的街道景观品质，具有强烈的空间控制感和一种在格拉斯哥很少见的亲切尺度。

风格："今天，乔治镇的住宅中混杂着维多利亚风格壮丽而美观的20世纪早期仓库，构成了一种高度、色彩和细部各不相同的混合景观，以沿街立面的连续性将所有建筑协调起来"（CGDC，1992，p.2）。街区中60％或者说有105座建筑被列入保护名录。就街区布局来讲，商业城是格拉斯哥常见的格网结构的前身。然而，它不是维多利亚时代格拉斯哥开放式的格网，而是一种平移式格网，创造出一系列经过严格控制的街景，以重要的建筑物作为街道的尽端（图5.9）。对此城市规划部门认为："街区中心与边缘部分的对比解释了在这个街区所感受到的场所感———座城市中的城市。约翰逊（Johnson 1989，p.48）说："一旦进入商业城，就会发现它拥有一个封闭和相当静态的空间序列"。

商业城的衰败

　　直到20世纪60年代中叶，商业城的主要功能一直是批发销售，它占整个格拉斯哥批发销售业务的1/4。再加上各种公共和居住建筑，批发销售占用了这个街区底层建筑空间的60％，只有不到7％的房产是闲置的。然而，在随后的15年内，商业城的商业类型急剧变化，超过1/3的房产闲置，经济活动萧条。

这个地区因规划失败、区位和功能过时而变得更为糟糕。地区的东边由于格拉斯哥东侧高速公路规划案而衰败，该规划要求拆除一些地块直到城市大道（High Street）西部。另外，在1969年，斯特拉斯克莱德（Strathclyde）大学提出了将校园扩展到佐治亚街南部的计划，而且为了进行集中的开发需要购置公共用地，这使商业城进一步衰败。仓库和相关功能的高度集中导致商业城及其周围地区严重的交通拥挤，这是该地区功能过时的一个迹象。因为"与现代街区和建筑的优越性相比，这个街区独特的街道形式严重影响了批发销售操作的可行性"。另外，建筑本身功能过时，也不能适应对仓库和零售业的现代需求。1969年，作为一种更好地解决需求及减少交通问题的方式，将位于Candleriggs地块的水果市场迁移到Blochairn地块。因此使区内依赖市场活动的商业实际上又产生了区位上的过时，导致相当数量的人搬走或完全停止营业。再者，由于来自国外的竞争，商业城越来越难以支撑它的服装业和纺织公司。

这种过时的综合影响引发连锁反应，导致闲置房产增多、衰败增多，最终拆毁房屋。到20世纪60年代晚期和70年代早期，这个地区更加衰败，因此编制了一个《综合开发区纲要》（Outline Comprehensive Development Area，OCDA），允许地方政府获得或者清除废弃的房屋。再加上流产的大学规划所获取的用地，这意味着商业城的大部分资产已归政府所有。

商业城的保护

在20世纪70年代早期，政府鼓励在这个地区发展新功能的努力只取得了局部的成功。而那些功能之所以设置在商业城只是因为极低的租金和价值。这一地区持续衰败，许多列入保护名录的重要建筑在结构上已经岌岌可危。这使整个商业城的建筑和街区景观处于危险之中。1976年，为试图减少建筑的任何进一步损失以及认识到其特殊价值，整个商业城被纳入格拉斯哥中心保护区的范围内。

到1980年，商业城的问题已经十分清晰：大规模的再开发已不再可能，而东侧高速公路的规划仍导致了持续的衰败和发展的不确定性，结果这个地区超过1/3的房产闲置或未能充分使用。因使用不足和被城市发展所忽视使得商业城的空间结构及其景观处于危急之中。此外，鉴于它邻近市中心，其破败景象也会传染到那里。更糟糕的是它抑制了新的创造力的发挥，以促进格拉斯哥的发展，如"格拉斯哥处处更美好"（Glasgow's Miles Better）这样的城市运动在商业城街区收效甚微。

不过随着时间的推移，对这个地区的某些威胁已经消除。例如斯特拉斯克莱德区议会的《城市结构规划》（1981年）将东侧原规划高速公路的性质降低为快车道，辅之以经过改进的管理方式，解决了交通问题。此外，这条道路改自城市大街东部穿过，绕过了商业城。

商业城街区的振兴

因为该街区的土地主要归地方政府所有，所以各级政府是领导城市振兴进程的关键一方。区议会拥有商业城40%的房产，其中包括60%的闲置房产。然而，作为主要的业主，它几乎没有从资产中获得什么回报。对于闲置房产，商业城需要一种新的经济力量构筑振兴的基础。因为许多建筑根本是空置的，所以不存在什么功能取代的问题。

因此，区议会决定开展以住宅为导向的城市振兴。这种方式得到限制性规划政策的帮助，从而避免房产的竞争性供给。《城市结构规划》和格拉斯哥区议会所做的《地方规划》的目的是，"通过限制郊区和农村地区土地的开发，鼓励在城市中的空闲土地上兴建住宅"。另外，格拉斯哥在周边地产的处理方面没有什么好的经验。因此，应对道路规划的变化、考虑到这个地区缺少市场利益，并且以住宅开发为城市中心的振兴目标，所以区议会对商业城的商业房产进行了一些可行性研究，意图评价将其转化为住宅的可能性以及鼓励私人开发商的方式。

从这些调查中发现向住宅功能转化在城市空间结构上是可行的，并且可以达到令人满意的标准。不过，就所评估的销售价格来说，这在经济上是不可行的。因为没有固定的市场需求，没有公众捐款，开发商不愿意涉入其中。幸运的是，此时苏格兰的住宅立法也经过了修订，授予地方政府以更大的权力，可以提供财政资助以及给开发商补助金用以补偿改造成本。区议会能够以平均每户超过5000英镑的标准提供改造资金。另外，它以诱人的价格向市场供应房产，并以灵活的态度审议规划标准，例如在提供停车空间方面。正如城市规划部门所说的："奖励的范围旨在通过弥补一些赤字以及采取一些鼓励性的措施，为潜在的开发者提供资助和一定程度的安全性"。

第一个示范项目是在英格拉姆街的阿尔比恩大楼（the Albion Building）。这是一座列入保护名录的4层仓库，大约建于1890年。当时建筑底层的一部分用作一个银行，但其他部分仍是闲置的。1982年，规划部门同意将其转化为23套供出售的公寓（19个一室户和4个两室户），底层改为商店。公众对这个项目提供了相当多的资助，而它的资产转化只花了微不足道的一笔钱,区议会给予的改造补助金占到整个成本的30%。

在改造工作完成之前所有的住宅就都已卖出,这表明在商业城存在着对居住功能的需求。城市规划部门注意到,该项目"是在100多年里首次将居住功能引入商业城街区"。随后的一些开发建立在相似的财政协议基础上:功能转化补助金加上便宜的资产转化方式。到1987年共完成了550套公寓的改造,另外有1250座公寓正在安装管道。

英格拉姆广场开发

商业城街区最有意义的项目是英格拉姆广场的开发。这个项目在公共与私人部门之间引入了一种合资联营的新方式。与补助金加上资产协议的方式不同,它形成一种正式的合作开发关系,即在项目中,投资者除了私人开发商,还包括区议会和公共部门,如苏格兰开发署(Scottish Development Agency,SDA)。英格拉姆与其说是一个广场,不如说是一个完整的城市街坊,它位于商业城的中心。在再开发开始之前,街坊内有14座单体建筑,主要是仓库、作坊和办公室,沿街的零售店寥寥无几。而现在英格拉姆广场拥有240套公寓(包括改造的和新建的)、20家商店、108个供住户泊车的停车位和一个大型公园。

该项目是由爱丁堡坎特尔开发公司(Kantel Development Edinburgh,KDE)实施的。这是由两位建筑师于1980年成立的一家公司,这两位建筑师后来成为项目"专家,他们运用其建筑技能看到其他人错失的机会,挑选很小的项目用私人和公共基金进行精明的包装使项目具有可行性"。1984年,他们的注意力转向列于名录中的Houndsditch建筑,这座建筑建于1854年,位于英格拉姆街和不伦瑞克街(Brunswick Street)的转角处(见图7.7)。如果孤立地进行改造,很难改变建筑的功能;但若与街区内其他建筑结合起来,就能开发出一个带有共享中心庭院的更加令人满意的项目。用地上的许多其他建筑,包括威尔逊街的(Wilson Street)一块空地,现都归市议会所有。

尽管商业城街区的住宅市场已进一步得到确立,开发成本仍旧超过了预计的销售价格。因此,还需要公共部门提供支持以弥补资金缺口。然而,项目规模超过了原先特许成立的合资公司所涉及的范围。因此,KDE、区议会和SDA共同成立了一个名叫"Yarmadillo"的联合开发公司。这三个合伙人在Yarmadillo中的投入是相等的。KDE拿出Houndsditch建筑的所有权加上从银行贷款的135万英镑的流动资金。格拉斯哥区议会投资了120万英镑(每户5000镑)作为住宅改善资金。它还贡献出自己

图 5.10
英格拉姆广场开发。

在街区中的资产，其成本可从未来的利润中回收。SDA提供了一笔100万英镑的无息贷款和一笔23万英镑的追加投资作为环境改善的费用。在议会的鼓励下，KDE和SDA联合开展了一项可行性研究，修改后的设计方案于1984年获得了规划许可。

　　格拉斯哥城市规划局之所以将英格拉姆广场规划作为商业城振兴中最有意义的一部分，是出于下列一些原因：其开发规模从一座单体建筑扩展到整个街区；引入新的住宅建设，而不局限于单一的现有建筑改造；为更复杂的问题，例如对建筑的部分利用及停车场等提出解决方案。英格拉姆广场开发还包括为斯特拉斯克莱德大学修建的学生宿舍，从而使街区人口多样化。

结语

商业城街区以住宅为导向的振兴已经相当成功。区议会努力尝试利用公共资金促进和支持街区功能的转化工作,将大量积压荒废和空置房屋的劣势转化为可以控制其开发速度和质量的优势,以达到保护和振兴这个对格拉斯哥来说十分重要的历史街区的目的。自从1982年第一个住宅改造项目以来,共为街区创造了超过1200套的公寓,容纳了相当数量的本地人口以及对其他公共设施的市场需求。在街区形成对住宅的需求并出现住宅市场之后,区议会的目标是逐渐减少补助金。然而20世纪90年代早期的房产经济衰退放慢了街区的开发步伐。

商业城最近的开发是1995年《格拉斯哥城市中心公共区域策略和指导方针》实施的结果(斯特拉斯克莱德地区委员会,1995年),这包括拓宽人行道等措施。还有一种政策是通过"狭巷"(the Wynds)系统来加强街区与城市中心的联系。后者是开辟一条穿过该地区的步行路线,在一些建筑之间建造有拱廊的街道来增加渗透性。同样,对一些使商业城的振兴获得初始动力、启动住宅功能的早期政策所积累的问题,现在也亟待解决。最重要的问题之一是开辟停车场。商业城53%的人口拥有汽车,但只有23%的人有私人的不靠街面的停车位(off-street space)。商业城的街道停车问题源于早期的发展,那时允许低于正常停车标准的开发项目。因为人们认为给每个单元设一个停车位的要求无法实行,所以不得不降低了标准。在Candleriggs地方新建了一座供居民使用的多层停车楼,部分弥补了这方面的不足。CGDC目前试图增加不靠街面停车位的数量,特别是探索更多的地下停车空间。

伦敦沙德·泰晤士街区

沙德·泰晤士(Shad Thames)是位于伦敦泰晤士河南岸紧靠伦敦桥东的一个地区(图5.11)。港区西部范围的影响以塔桥为界,它构成了"港区的巨大工业区和城市大型商业区之间一个象征性的文化和空间节点"(Slessor,1990,p.39)。在圣基督港(St Saviour's Dock)入口东岸的建筑标志着这个街区的东部范围,尽管现在磨坊街(Mill Street)的东面也进行了一些开发。这个地区包含在伦敦桥保护区(the Tower Bridge Conservation Area)和圣基督保护区(St Saviour's Conservation Area)的范围内,据称是"伦敦仅有的保留了以维多利亚式风格为主体建筑的街区(尽管可能特别曲折)"。这里因街道狭窄而得名为沙德·泰晤士,街区与泰晤士河平行展开。在其中心即巴特勒码头处随着河岸急转,就是圣基督码头的

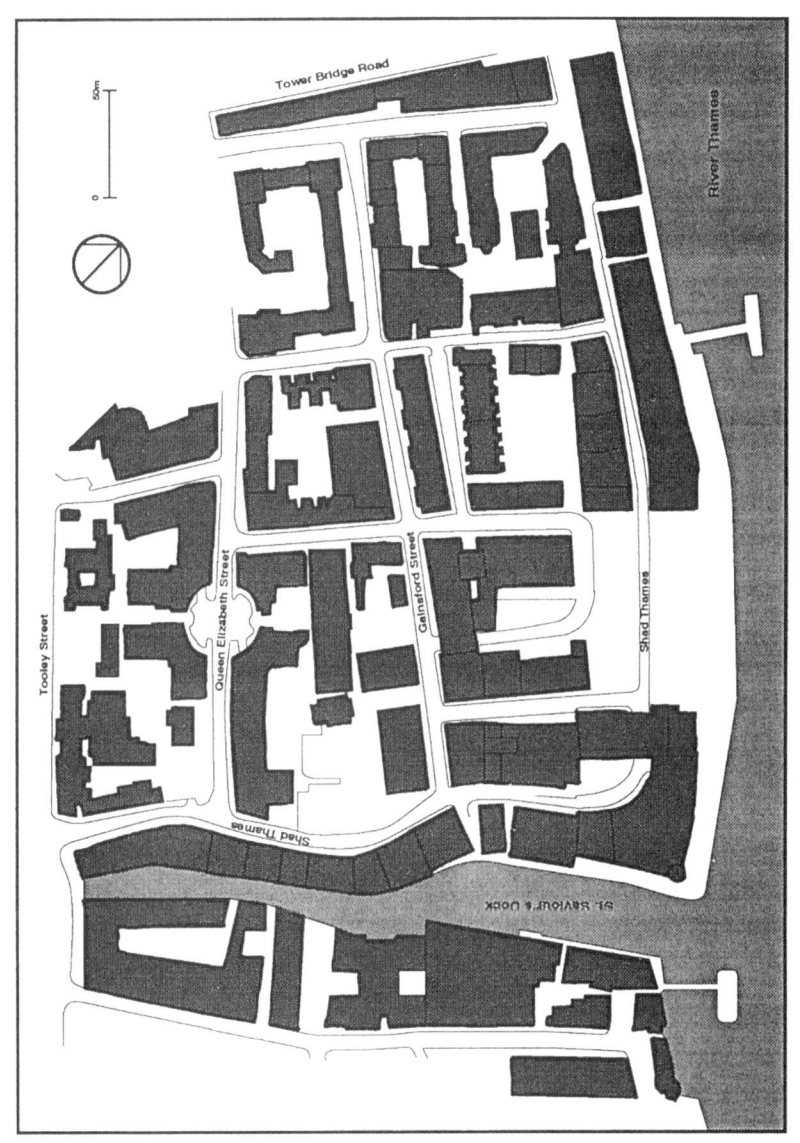

图 5.11
沙德·泰晤士平面。

内陆区域（图 5.12）。圣基督港曾经是伦敦一处"业已消失的河流"的河口——the neckinger——现在是一个潮汐港，周围环绕着密集的仓库建筑群。

　　在整个 20 世纪，这里开发了一些新项目，在颇有价值的维多利亚仓库周围也进行了一系列质量很差的新的建设。许多仓库自 20 世纪 60 年代中期港口关闭之后就一直废弃着，直到 70 年代晚期。尽管有计划拆除它们并用沿河的商业开发取而代

图 5.12

沙德·泰晤士，两边的仓库形成一条宛若峡谷般的街道，街区因之而得名。高低不
同的精致过街铁桥使码头上的货物能用独轮车很快地沿着河流送入内陆地带。

之，但几乎没有真正实施。到了70年代晚期，一个小型艺术社团非法占据了巴特勒
码头综合设施和区内的其他建筑。

沙德·泰晤士的振兴

街区的第一个振兴项目始于 1980 年，次年 9 月成立了城市开发公司（UDC），
即伦敦港区开发公司（the London Docklands Development），成为街区振兴的主要

推动力量。UDCs采取了一种十分重要的政策手段，即将英国城市更新的主动权由地方政府转移到私人部门，成立专门机构，不受多个地方政府的牵制，将其置于中央政府直接领导之下。在其授权范围内，UDC的首要目的是："确保该地区的振兴……，通过有效的土地和建筑利用，鼓励现有的和新的产业及商业开发，创造一个吸引人的环境，并确保住宅和公共设施能够鼓励人们在这个地区居住和工作"（地方政府，规划和土地法案，1980年）。

UDCs有效地建立起一种临时的应急规划制度，使它能够实现重建的目的，并在这方面起到一种推动作用。该公司并不直接资助或建设具体的居住、工业及商业项目，只是以中间商的身份以及快速的反应经营土地资产。人们认为，UDCs采用了一种商业上注重实际而灵活的规划方式，所以在机会出现时能够及时抓住它，不过它的运作方式首先是为私人资金的短期需求提供导向。因此，对于沙德·泰晤士街区来说，其任务在于使私人开发商在伦敦城易于步行的距离内，寻找将闲置滨水仓库转化为居住功能的可能性。

在沙德·泰晤士启动以住宅为主导的振兴过程中，安德鲁·沃兹沃思（Andrew Wadsworth）开展的新康科迪亚（New Concordia）码头改造成为一个关键项目（图7.9）。1979年，时年22岁的沃兹沃思从曼彻斯特来到伦敦。由于有在福勒姆（Fulham）和肯辛顿（Kensington）成长的背景，所以他开始在河边寻找仓库。同年9月，他发现了位于圣基督港角上塔桥东边的新康科迪亚码头，这是一个建于1885年的维多利亚式谷仓。他花了一年时间来说服那个同时还拥有毗连的巴特勒码头用地的业主将其卖掉。到1980年12月，沃兹沃思设法获得了这座12万平方英尺的建筑（1平方英尺等于0.0929m²，译注）。此时他成立了雅各布斯岛公司（Jacobs Island Company）。

1981年4月，一项功能转化方案获得规划许可。沃兹沃思试图创造出一种多功能的开发模式，而不仅仅是居住单元。他还坚持建筑应当是一种围护场所的概念，使未来的使用者能按自身需要灵活布置空间。最终方案由60套公寓（包括27种不同户型、大小和布局）、2万平方英尺的作坊/工作室、3000平方英尺的办公室、3500平方英尺的餐厅（大部分在底层）、一个游泳池、码头、公共的屋顶化园，以及管理员公寓、洗衣房和地下停车场共同组成。不过在1982年2月，这座建筑被列入保护名录，所以改造事宜必须遵守建筑保护的相关要求，设计方案最终在五个星期后得到批准。1982年5月现场工作开始，于1984年5月完工。项目保留了金融公司，大部分居住建筑在完工之前就已卖掉了（Baumgarten，1984，p.56）。这个项目对整个港区有很大的影响。在其后的5年内，港区的每一座滨水仓库都已改造或者处于改造过程中，还有一些正着手开展改造计划。

图 5.13

巴特勒码头，码头综合体中体量最大的建筑，在沙德·泰晤士靠近泰晤士河这边占据主导地位。沿河立面具有轮廓清晰的建筑处理，尽端突出的尖顶上装饰着乡村式的楔形石、厚重的飞檐托座和山形女儿墙。巴特勒码头东边是设计博物馆。

　　沙德·泰晤士的振兴实际上是由区内较大的土地所有者领导的，如巴特勒码头财团，其大股东是特伦斯·柯兰（Terence Conran）爵士，还有雅各布·罗思柴尔德（Jacob Rothschild）、麦卡尔平（McAlpine）爵士和柯兰·罗奇（Conran Roche）等人，以及沃兹沃思的雅各布斯岛公司。这个财团拥有沙德·泰晤士中心大部分的土地，1984 年它赢得优先权购买了 5hm² 巴特勒码头的滨河地产，包括 17 座建筑，其中最大的就是巴特勒码头本身（图5.13）。巴特勒码头是相当可观的一组仓库，自沙德·泰晤士边向上直达圣基督港西岸，同时深及内陆 150 码。这个建筑群由不同种类的仓库组成，其质量各不相同，损坏程度也不同，其购买成本至少要 500 万英镑。

　　围绕巴特勒码头建筑群边缘的其他地块由沃兹沃思的雅各布斯岛公司购买。该公司掌握的土地有 4.75hm²，包括以前的啤酒厂锚地（Anchor Brewery）、与塔桥相邻的用地等。这块用地的腹地以附带契约方式廉价出售，契约规定了土地开发的功能、设计和完工期限等条款。控制性规划制订出需要拆除的现有建筑以及创建新的公共广场和多功能设施的相关要求，就像 Horsleydown 广场的开发那样

（图7.15）。沃兹沃思还拥有靠近新康科迪亚的滨水场地，现在称之为中国码头（China Wharf），这里将开发为居住功能（图7.9）。新康科迪亚旁边雅各街/磨坊街上一座占地3英亩的仓库被改造为住宅，还有一块位于伊丽莎白王后大街上的用地，后来开发成圆环（The Circle），即一组新的大型居住建筑群（图7.17）。在巴特勒码头财团和雅各布斯岛公司的带领下，其他大开发商也参与到沙德·泰晤士的开发中，例如罗斯豪夫（Rosehaugh）开发了圣基督港东边的福甘斯磨坊（Vogans Mill）综合体。

在项目运作伊始，这个地区的大部分就已经发展成熟了，所以LDDC认为不需要设立其他城市设计机构（Edwards，1992，p.93）。这里所保留的很多历史建筑、原有的街道形式和步行系统都鼓励新的开发项目强化而不是毁坏这些历史遗产。因此，作为当地最大的土地持有者，巴特勒码头财团和雅各布斯岛公司实际上就是街区的主要规划者，并且能够决定开发的形式和性质。正如爱德华所指出的："他们直接或间接地建立了其他人必须遵循的设计和建造标准，通过签订租约处置土地，以免地产流失。这样公司就像一个传统的房地产开发商那样，终身保有不动产以控制整个地区"。所以，就像在伦敦港区其他街区，如金丝雀码头（Canary Wharf）所看到的那样，拥有大量土地的开发商严密地控制着每一次的开发质量及其对整个地区的贡献，目的是保持和加强该地区的综合价值并从中获益。为了增加吸引力，街区还引入功能多样性的概念。尽管许多地块以居住功能为主，但同时也包括少量的其他功能，例如位于底层的餐厅、办公和商店等。沙德·泰晤士逐渐以一个服务于大社区的餐饮街区而闻名，伦敦设计博物馆也坐落了这里（图5.13，图7.16）。另外，为伦敦经济学院提供的学生宿舍也使街区的社会结构趋于多样性。

结论

沙德·泰晤士街区发展的速度很快。它在1983到1989年之间受到伦敦，尤其是Docklands住宅市场蓬勃发展的刺激，位于塔桥和圣基督港（St Saviour's Dock）之间的滨水地段大部分通过转化为居住功能而得到了振兴。然而，大量的住宅项目同时出现在市场上适逢房产市场崩溃前夕。在20世纪90年代早期，几个开发公司陷入财务清算状态，其中包括巴特勒码头财团。因此，沙德·泰晤士的未来还不确定。

巴特勒码头财团掌握了相当可观的土地。现在，这些土地所剩余的开发机会由清算人在市场上进行销售。然而，新的土地所有者是否将对该地区的开发施加同样敏感而明确的控制还未可知。这个街区仍有几个部分需要更新，其中最大的项目是香料码头，它是一块位于巴特勒码头和设计博物馆之间沿泰晤士河一侧的用地。这块用地上原先一幢列为一级的保护建筑已被搬走，并在街区的其他地方重建。用地最近的规划是兴建一所325个床位的旅馆。1991年，包括当地商人、居民、LDDC和Southwark镇委员会在内的巴特勒码头论坛创立，其目的是促进公众和私人合作来完成街区基础设施的建设，包括连接圣基督港两侧的人行桥，从而扩展河边的小路。

尽管受到房产市场衰退的影响，以住宅为先导的沙德·泰晤士的振兴还是从一个强劲的居住市场前景中获利。这反应在所建公寓拥有极高的价位上，这些公寓都是历史建筑，滨水而且毗邻伦敦市中心。在很多方面，沙德·泰晤士开发的方式是规划当局特别宽容的结果，它实际上允许该地区最大的土地所有者以他们认为最好的方式来进行振兴。这样一种方式过分依赖于开发商的才能和敏感性，在其他地方出现同样结果的可能性是很不确定的。

结语

上述案例研究中讨论了以住宅为先导的振兴策略，从中引申出两个关键问题：第一，置换（displacement）与绅士化（gentrification）。如在马赖街区、博洛尼亚中心区和苏荷地区的案例中所显示的；第二，在任何重建方式中，都须发展出一个能够支持功能转化的强劲市场。

在延续邻里功能特性方面，街区保护与改变之间的确切关系还无从完全了解。伯滕肖等人（1991年）质疑道："在街区改造与振兴过程中，较富有的居民受到激励，购买城市中心的房产，表现为一种'重返城市'的社会选择活动，从而取代低收入人群。这是否是一种必要的代价？或者是工人阶级，无论他们愿意与否，开始向那些更舒适的郊区迁移，以便留下足够的空间由那些愿意且更能够承受改造和维护成本的人来填充吗？"他们断言，由于社会结构和城市功能的变化与物质空间的保护密切相关，所以其因果关系一般由当地条件而定。比如说，现有的人口仅仅想要尽快地拥有较好的住宅，那么一种功能与物质空间的保护——如同在马赖地区和博洛尼亚中心区——还包括保留现有的人口，可能会被误导。如果可以选择，一般来说对较好住宅的热望会超过对历史街区的情感。在博洛尼亚，绝大部分居民愿意留在历史街区是因为这样可以获得更多的补贴，而且在城市中心能够享受更好的服务和物质环境，这些都远胜于马赖地区的生活条件。

苏荷的置换与绅士化问题要更复杂一些。它不是一个典型的低收入居民被高收入居民置换的例子，相反，它是一种由高价值使用功能取代了较低价值使用功能的"功能性的绅士化"过程。祖金（Zukin，1989 年，p.5）指出："在由阁楼生活而带来的绅士化过程中，其真正的受害者并非居民。在一些居民由于房租上涨而被迫搬离之前，他们已经取代了那些小生产者、批发商、股票经纪人，以及种种批发和零售业务。它们大部分都属于各种衰落的经济部门"（Zukin，1989 年，p.5）。与马赖街区的绅士化一样，不管可能出现的功能转变有多么令人不快，苏荷的重构是不可阻挡的城市经济发展的一部分。若抗拒这种重建可能会挫伤吸引保护该地区所需投资的种种尝试，反而导致历史肌理的退化和消失。不过在所有以住宅建设为先导的振兴中，需要关注诸如就业空间消失、保留廉价商业空间的作用及需求等问题，因为只有在这类空间中，小制造商们才得以孕育、成长和成熟。

注意到苏荷是以市场为先导的开发方式，而不是一个有计划的过程这一点是很重要的。最初，在重建开始的时候，人们盲目违反分区及建筑法规，不过后来出现了由官方支持的住宅开发商。是大开发商对利益的追逐将苏荷定位成一个非常昂贵的高档居住区，它造成艺术家居民的置换以及更进一步的制造业的置换，这种情况通常发生在房产功能转化中存在商业刺激的情况下。因此，在苏荷进行以住宅为先导的振兴时，其关键因素是纽约拥有一个非常强大的住宅市场。在 20 世纪 70 年代的曼哈顿，人们甚至只好依靠浏览报纸上的讣告栏来找寻适合居住的公寓，这并不是开玩笑。

在开展以住宅为主导的振兴之前，格拉斯哥商业城和伦敦沙德·泰晤士建筑的闲置率很高。所以，几乎不存在什么置换和绅士化的问题。回顾起来，是一种典型的市场机遇使沙德·泰晤士有可能提供有特色的住宅，它们大多从滨水工业建筑转化而来，并位于距伦敦城方便步行的距离之内。该项目对开发商的挑战就是要创造一套财政计划以实现其开发目标。尽管所建成的住宅非常昂贵，也没有什么政府补贴，功能置换仍然发生了。虽然这个地区因 20 世纪 90 年代早期房产市场下跌而受到损害，使许多开发商破产，但现在这个地区的住宅市场又开始恢复了。相比之下，格拉斯哥商业城采取一种地方政府领导下的有计划的振兴模式，它引入相当数量的公共补助金来鼓励街区的功能重建，赋予历史建筑以相关功能。尽管这些功能可能不具传统性，但仍建立起一种可行的住宅市场，鼓励人们在城市中心及其附近居住。需要注意的是，尽管现在已存在住宅市场，但因其区位条件而会受到房产市场波动的影响。

6

工业及商业街区的振兴

引言

　　本章探讨的是那些传统上以工业或商业功能为主、但经受了不同类型过时的城市历史街区。空间结构的过时，还有某种程度上的功能过时都能够通过整治和转型加以解决，这样可以为一个区域创造一种更加适宜的资产。但同时，还需要对资产提出使用上的要求。正如第二章中所讨论的，这些过时通常与街区的区位过时有关，即它丧失了区位上的竞争力和竞争优势。由于国家经济结构方面的变化以及地方经济的变化，本章所涉及的街区也经历了区位上的过时。所以随着其传统功能转移到其他更便宜、更方便的地方，这些街区衰落了。我们必须清楚，尽管许多地区遭受到区位上的过时，城市历史街区的应变能力却是有限的。在考虑这些地区的功能转化、重建或多样化时，谨记罗维尔的经验十分必要。它不但吸引旅游业，还通过吸引新的工业或商业活动来实现其功能重建。在美国，当人们认为历史工业城镇作为纺织和钢铁工业中心的作用已经过时的情形下，还有其他通过吸引高科技产业进行功能重建的实例。美国马萨诸塞州的梅纳德和宾夕法尼亚州的匹兹堡就是两个适应了世界经济变化的例子。

　　本章分析了四个历史上曾经是工业仓库的街区，它们有独特的景观以及作为传统就业场所的清晰的地方形象。诺丁汉的莱斯市场和伯明翰的珠宝街区（Jewellery Quarter, Birmingham）正设法维持其作为生产中心的地位，同时力求多元化并争取成为消费中心。这两个街区都进行过以功能维护与改善来振兴的尝试。在这方面，莱斯市场这个实例开展得较为坚决，而珠宝市场案例则相对随意。布拉德福德（Bradford）的小德国街区（Little Germany）在历史上曾是一个重要的生产中心，现在则试图通过功能重构再次成为一个生产和/或消费中心。丹佛的下城区（Lower Downtown）以前曾是城镇中心，后来由于 CBD 的迁移而过时。现在经过调整重新变成新 CBD 的一部分。许多这样的街区也试图通过居住和旅游开发使它们的经济基础多元化。正如前章所述，以旅游为先导和以住宅为先导的振兴具有直接和间接的影响，并且能重振地区的形象。然而，正如在下面的实例研究中将看到的，工业和商业振兴的努力其可见的影响较小，而成功也相对有限。

案例研究

诺丁汉莱斯市场街区

莱斯市场（Lace Market）呈现出一种独特的英国城市景观，它拥有一些最精致的 19 世纪工业建筑，在英国几乎无可比拟。本章稍后部分介绍的布拉德福德小德国街区是与之最为相近的。直到 19 世纪，莱斯市场仍然是一处有大型公寓和户外花园的居住区。在 19 世纪 50 至 60 年代，这个地区因制造饰带、花边成为世界最大的生产中心，于是建造了大量的工业建筑。直至维多利亚时代晚期，街道格局都没有明显的变化，街区充满了典型的工业建筑（图 6.1 和图 6.2）。

莱斯市场街区在第一次世界大战之前达到鼎盛，那时这里有 200 家花边制造公司（Crewe and Hall-Taylor，1991）。从那以后，花边工业和这个地区同时走向衰落。而战时轰炸的破坏以及战后的"改善"计划更加剧了这里的衰落，新加宽的道路边缘是裸露和残缺的建筑。20 世纪 50 至 60 年代这里坠入谷底，那时这里更像一处被遗弃的城市废墟和空旷场地上的临时停车场。然而，尽管与 19 世纪的全盛期相比它只剩下一小块面积，这里仍较多地保留了维多利亚式的城镇景观。因此为振兴提供了一个地理中心。

虽然花边工业实际上早已从这个地区消失，让莱斯市场出名的是设在这个历史景区中的一些纺织和服装工厂，它们以相似的劳动力和技术与街区的过去保持着一种功能上的连续性。克鲁和豪尔－泰勒（Crewe and Hall-Taylor，1991）的研究发现了服装和纺织公司在莱斯市场持续集中的特殊原因。其中之一是企业的雇员绝大多数是熟练的女工，她们通常依赖公共交通，喜欢在离家约一站地的地方就业，这也决定了她们业余活动的范围，例如午餐时间的购物等。另一个原因是，由于都位

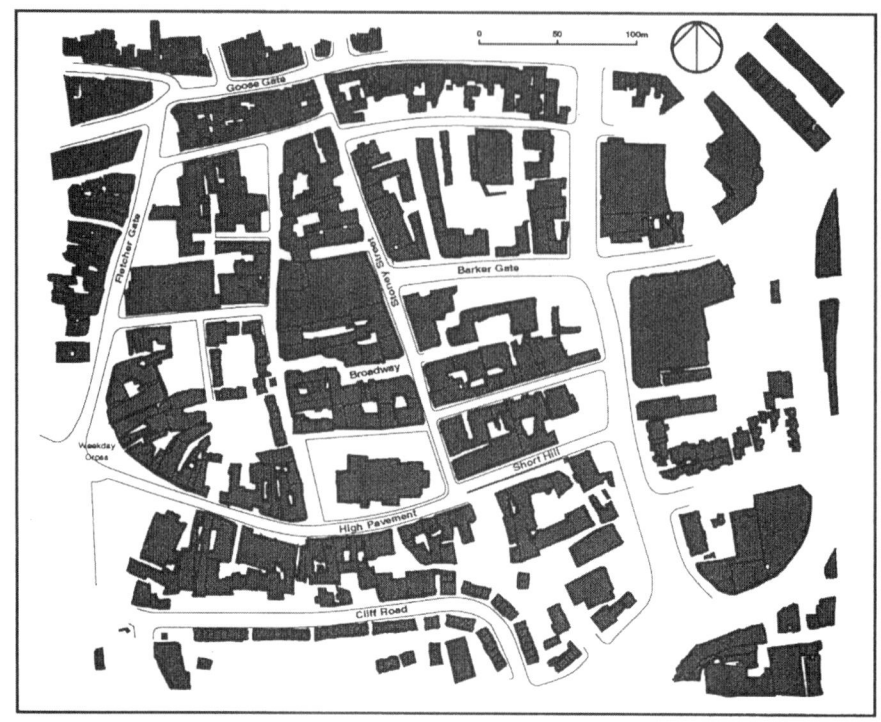

图6.1
莱斯市场平面图。它位于诺丁汉市中心东部的一块高地上，其边界各具特色：南边是一道峭壁，
东边和东北边坡向圣安斯（St Anns）；北边属于城市中心东部的一部分，西边跨过弗莱彻门
（Fletcher Gate）大街，是诺丁汉市中心的主要零售区。

于城市中的同一街区，以及不同公司之间分包的数量和规模，莱斯市场各个公司之间存在着紧密的生产网络和关联性。这种相似并相互依赖的公司集聚的结果，是人们对该地区产生强烈的认同感。不过，也正是由于区位过时，例如因地段狭窄使生产线散布在好几层楼里，许多公司只是因为缺乏搬迁所需的资金而不得不留在这里。

　　这与其他街区，如布拉德福德的小德国是完全不同的，那里的传统功能已经从历史景观中绝迹了。所以，对建成环境（built environment）的"物质性"保护（即"建筑遗产"保护）和对这个地区内传统活动的"功能性"保护（与更新）（即"活着的遗产"的保护[1]）之间应做出明确的区分。这是莱斯市场案例所提出的重要议题。

1　这些词汇曾用于1991年TCKW有限公司（Tibbalds Colbourne Karski Williams Ltd, TCKW）关于莱斯市场的报告中。

图 6.2
诺丁汉的莱斯市场。街区特性取决于建筑中所发生行为的性质。仓库和广场的结构十分实用：莱斯购买者需要在良好的光线中看到生产过程，而生产精致的莱斯产品也需要良好的光线。在石结构承受范围内开大窗是一个重要的工程成就。莱斯市场的尺度在英国城市中也很不常见。用别具特色的诺丁汉橘红色砖建造的高高的仓库挺立在人行道的两边，构筑出都市的街道。

莱斯市场的保护

对历史上著名的莱斯市场的保护始于 1969 年，那年它被指定为历史保护区，从毁灭性的道路修建和再开发计划中拯救出来。1974 年，它升格为国家级的保护区（conservation area of outstanding national importance），根据 1972 年《城镇规划
法案》（修正案）[Town and Country Planning （Amendment） Act] 第十部分，它
符合获得建筑改善补助金的条件。英国关于保护区的这种双重分类随后废除。1976
年确定了莱斯市场的城镇规划，由市议会、郡议会和环境部为建筑修复提供帮助。

　　自 20 世纪 70 年代早期始，城市规划政策就已十分明确，即努力实施"功能
性"保护，不仅要保护莱斯市场的物质景观，而且要保护它的传统产业特征，反
对将大量的仓库建筑转化为办公空间。市议会寻求保护城市经济基础的多样性，
因此这不仅是一项保护政策，也许更为重要的，它是一项地方经济政策。1989 年
在《莱斯市场开发策略》（Lace Market Development Strategy）中，市议会做出
一项政策承诺，在莱斯市场中保留占地 50 万平方英尺的纺织设施。然而，这项政
策总是受到办公空间开发的威胁，这种开发将从根本上改变街区独特的功能特性，
而且在波动频仍的办公建筑市场的影响下更易受到伤害。当然，一个活跃的房产
市场的差额收益始终在波动中。例如整个 20 世纪 80 年代，办公空间的租金经常
是制造业的四倍。

　　1979 年莱斯市场被定为产业改良区（Industrial Improvement Area，IIA），这使
其空间形态的保护出现一种更为积极的态势。拥护这一决定的人认为，自从 10 年前
被指定为保护区以来，莱斯市场固然得到一些改善，但总体上仍然是一幅破落且受
忽视的景象。工厂的工作条件很差，建筑亟需要得到修复和整治。建立产业改善区
的权力由 1978 年的内城区法案（the Inner Urban Areas Act，1978）所赋予，加上
发放补助金的权力，使地方政府能够帮助当地公司对建筑进行彻底的改善和功能转
化。它采用短期奏效的方法，促进信心的恢复以稳定及振兴街区经济，因为衰败街
区粗陋的景象与恶劣的声誉使它们无法吸引人们来此工作和投资。

　　莱斯市场被公认为是一个相当成功的工业改善区之一。到 1982 年，有 100 多座
建筑通过不同的资助计划而得到更新，这对莱斯市场物质空间的保护是有利的。然
而，这种零敲碎打的补助方式对街区整体的保护影响甚微。再者，由于只是注重于
建筑的整治与环境改善，这个工业改善区与其他城镇资助项目一样，是一个关注物
质空间保护的例子。它的确改善了街区的物质景观，但除了暂时的稳定作用以外，
对街区经济的重建没有太大的影响。

莱斯市场的功能更新

　　地方经济的振兴与发展途径一般是通过向那些已存在于本地区的产业提供帮助

来刺激就业。诺丁汉市议会采纳并实施了多种倡议和策略以帮助莱斯市场服装与纺织企业的发展。作为一个以制造业为主的产业区,诺丁汉的就业岗位集中于服装和纺织部门,因此对这个部门进行帮助是很有意义的,尤其是在莱斯市场这个纺织业最大的集中地。

在诺丁汉市议会的推动下,诺丁汉时装中心(Nottingham Fashion Centre,NFC)于1984年成立,并得到政府提供的资助。这是服装和纺织业在面临共同问题时各个企业统一政策的一种尝试。因此它是市议会在力所能及的范围内开始建设性地涉足地方经济发展的例子。NFC的目的是提高地方中、小企业参与市场的能力,增加贸易量。因为许多公司还没有形成自己的市场操作功能,特别容易受到一些个别客户的决定的影响。中心也力图为服装工业塑造一个引人注目的焦点,并在地方传媒和出版业中保持良好的形象。NFC是市议会采取的一揽子帮助服装业的创意的一部分。它们包括:设备、技术和商业建议;用于服装业的工作空间规划;以及帮助公司重建和变得更有竞争力的计划等。

尽管整个20世纪80年代都采用了支持服装和纺织业以及对城市的保护策略,地区功能重组还是发生了。1971~1989年间,除了一些仓库改为餐厅和小型商业之外,有16座仓库转变为办公楼,1989年还有另外9座正在改造中。当地的商业形态就这样被置换了,因为只有通过向办公功能的转变,街区更新才可能促进资本升值并提高租金。不过,由于缺少经济重建,除非提供大量公共补助,否则物质空间的保护还能否继续仍是一个疑问。

市议会的功能保护策略和保护街区传统产业的尝试有其固有的弱点,就是它过于依赖通过服装和纺织工业的更新为本地区的保护与整治提供资金。这种策略受到一部放宽的国家规划立法的进一步削弱。在1987年的《功能分类条例》(*Use Class Order*)中将许多办公和轻工业功能归于一种单一的功能类别,取消了改变功能所需的规划许可。另外,1988年的《总体开发条例》(*General Development Order*)取消了在特殊功能[2]之间进行变化所需的规划许可。其结果是规划控制条例再也不能用来阻止将仓库和制造业改造为办公功能的并发。

2　例如将一座建筑的功能从B2类(通常是工业性质的)或B8类(仓储和销售)改为B1类(商业)进行开发,不再需要规划许可。

莱斯市场的功能多样化

到 20 世纪 80 年代晚期，市议会越来越相信以市场为先导的地区基础经济重建是不可避免的。办公功能的入侵似乎无法阻止，因此城市部门修改了以前的保护方法。新方法的目的是使新功能与莱斯市场的特点相协调，允许街区功能的多样性，只要不彻底取代莱斯市场的传统功能或降低物质环境的质量即可。这是诺丁汉开发公司（Nottingham Development Enterprise，NDE）——一个公私合营公司的第一个创意。该公司由市议会发起，整合了公私两方面的企业、金融资本和相关资源。目的是提出一种适应于地方条件的街区经济更新方法。它成立于 1988 年，主要作用在于寻找有利于大诺丁汉经济发展特殊的机会，并适时启动那些能满足这一目的的项目。NDE 建议 DOE 用 75% 的补助金对莱斯市场规划和经济开发时机进行研究。

1988 年 9 月，政府任命了一个由科伦·罗彻（Conran Roche）领导的顾问组为莱斯市场起草发展策略。其宗旨是采用一种有限的功能重构与物质空间保护相结合。人们意识到，开发办公空间的市场压力将带来一些潜在的效益。租金上涨产生的收入使人们能够对该地区的物质空间进行维护和保护，但也会因此威胁到小型纺织公司的生存，因为这些公司强烈依赖于这个低租金和低收益的环境。所以对这种状况要有所准备，保护它们免遭置换的威胁。科伦·罗彻的报告建立在提升资产价值的基础上，并提出了四个旗舰开发项目：新的莱斯市场大厦和亚当斯旅馆（the Adams Hotel）、东布罗德马什（East Broadmarsh）、巴克盖特广场（Barker Gate Gardens）和普兰特街道纺织厂（Plumptre Street Textiles）（见图 6.3）。这种旗舰计划是对 20 世纪 80 年代注重资产开发的直接反应，那时人们认为这些开发将从根本上改变一个地区的经济基础。

科伦·罗彻的报告被市议会采纳，并把它作为《莱斯市场开发策略》予以颁布（诺丁汉市议会，1989 年）。政府也采纳了设立一个公私合作团体来监督开发过程的建议。莱斯市场开发公司（LMDC）成立于 1989 年 9 月，预计有五年的有效期。LMDC 是一个合资公司，地方政府占有 50% 的股份，其余股份由四个开发商分享。LMDC 打算成为一个明确的以资产为先导的更新机构。不幸的是，在科伦·罗彻的报告发表到 LMDC 成立的间隔期，其他开发商已经发现了机会并开始积攒土地，这样就缚住了 LMDC 的手脚。进一步，它的活动由于随后而来的资产和建筑业同时陷入衰退而陷于停滞。

《莱斯市场开发策略》是抵制在莱斯市场任意进行以市场为先导的经济重建

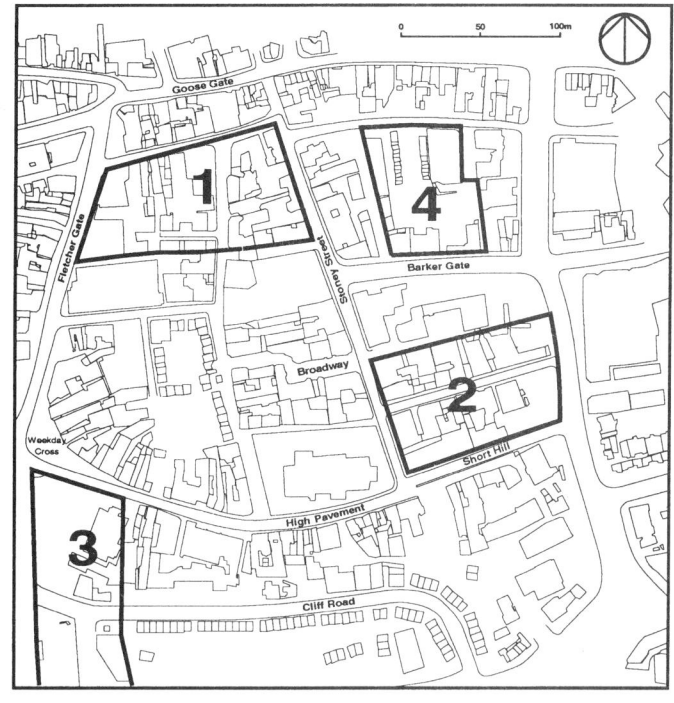

图 6.3

1999 年《莱斯市场开发策略》旗舰计划。

(i) 这项开发——莱斯市场大厦——将在莱斯市场中充当一个中心和门户的作用，开设以时尚为主题的特殊零售业——反映出诺丁汉没有一个有特色的商业街区的现实——和办公设施。邻近的亚当斯工厂（Adams Factory）将转变成一个豪华旅馆，底层设有高质量的零售空间，上面是高级公寓。这两个项目之间将形成一个带地下停车场的公共开放空间。

(ii) 普兰特街周围建设了一定数量的新建筑，以适当的租金安置从亚当斯工厂及其他被置换的工厂迁出的公司。

(iii) 现在的布罗德马什中心向东扩展到莱斯市场的西南边，下面两层是零售，上面是公寓。

(iv) 巴克盖特广场以南将转变为居住区，而北边那些质量较差的建筑将被新建住宅区所替代。

的一次尝试。然而，城市仍旧试图保护城市中心的其他办公区以及地区经济基础的多元化，通过抵制市场意向来应对这个地区的过时。1991 年 2 月，市议会打算重新确立关于莱斯市场功能改变的规划控制权，它提交了一个"第四指导条款"（Article 4 Direction），拟取消房产主拥有的将房产从工业转化为办公功能的开发权。但是国务大臣拒绝批准，因为缺乏足够的理由取消这种权力。后来，市议会就两个位于斯托尼街（Stoney Street）涉及改为办公功能的房产规划申请提出质疑，但在仲裁中失败。这是规划政策再也不能控制这个地区功能变化的一个确凿证据。接下来可以探讨的，就只有以市场为先导的重建是否能够让莱斯市场时来运转这样的议题了。尽管市议会后来表现出更加务实的态度，但当20世纪80年代末该地区房产暴涨，已能自行吸引大量投资时，这种变化显得来得太迟了。

因为无法控制以市场为先导的莱斯市场的重建，市议会不得已对进一步功能多样化的需求进行迟到的考虑。正如在第四章所讨论的，为了旅游业的发展而对地区的遗产与特性（包括物质上的和功能上的）进行开发，是一种经济多元化的表现，它能够与地区现有的经济基础同步发展。科伦·罗彻报告的建议之一是将莱斯市场定位为美国城市历史公园的英国版，为了有助于说服环境部同意将莱斯市场指定英国第一个国家历史遗产保护区，1990年10月，市议会任命了专门顾问来发展这个构想。

在科伦·罗彻报告中引用的先例是罗维尔。然而，将罗维尔的经验直接应用到莱斯市场是不恰当的。在罗维尔，历史上的城市环境大部分仍保持原封不动，但建筑却已废弃不用。而莱斯市场则仍旧保留了传统功能，因此报告建议把工作重点放在对街区物质环境和功能的双重保护方面。科伦·罗彻报告认识到，假如人们希望把这个地区看作一个旅游胜地而不是衰败的维多利亚工业区，那么整体环境的质量非常重要。报告提出一种综合的城市设计策略，它建议进行城市"治疗"（urban healing），即依据可识别的城市空间、街道和广场来修复传统的城市形式，而且对莱斯市场的传统活动进行保留、强化和推广。策略的另一部分明确提出需要为这个地区建立一种突出而可识别的统一形象与可识别性。但是这个报告未能说服环境部支持关于建立国家遗产保护区（national heritage area）的设想。

即使没有大规模商业开发的威胁，基于保护并促进服装与纺织业，以及提高本地区旅游潜力的策略也充满了问题和矛盾。来自服装业的观点认为，不断把本地区作为观光胜地加以推广宣传，将使纺织工业通过艰苦努力获得的品质优先的声誉破坏殆尽。再者，维护很差的工业区也吸引不到什么游客。在旅游业发展之前，一系列关键性的公共设施，如旅游点、餐厅、停车场、酒店等的建设，同样重要的还有环境改善等等，都必须一一到位。这将需要大量投资。其中一些已经在进行中，例如周日路口（Weekday Cross）的改善，它是连接城堡和莱斯市场的诺丁汉遗产系列中的最后部分，同时满足游客前往旅游点和居民穿越城市的需要。在与莱斯会堂博物馆（Lace Hall Museum）相邻的人行道（High Pavement）上，郡厅（Shire Hall）所在地块从欧洲区域发展基金（the European Regional Development Fund）得到一大笔补助金将其改造为法律博物馆。

莱斯市场功能的多样化与重建能够创造一种多功能的城市街区。1992年的《策略审议》(Strategy Review) 指出，由于经济不景气，除办公功能之外，发展其他替代功能的可能性反而提高了。"一些用地具有住宅开发的潜力，包括一种'都市村庄'式的街区"(诺丁汉市议会，1993a，p.5)。实际上，这里需要一定数量的住宅开发或向居住功能转化以丰富现有功能、增加对当地零售业的需求。在莱斯市场已有少量的住宅开发。20世纪70年代末和80年代初，莱斯市场三块很大的废弃场地被开发为住宅，其中两块由市议会开发，另一块则由一个住宅协会开发。在住宅市场发展期的末尾，还有少量"阁楼"建筑 (loft and penthouse) 转化为住宅。然而，大规模的住宅开发并非振兴策略的主旨所在。

莱斯市场的未来

目前莱斯市场正处于一个分水岭。1989年后房产市场下滑，但它仍定位于保持大规模房产发展的前景上。至1991年，专家们明确劝告市议会不要将莱斯市场纳入其第一轮城市土地拍卖项目中。因此，在诺丁汉对斯尼顿 (Sneinton) 和圣安斯等邻近街区土地进行成功的竞标时，莱斯市场被排除在活动之外。1992年《莱斯市场开发策略评价》(Lace Market Development Strategy Review) 认识到，规模较大的旗舰开发项目难以实行，而分阶段实行的项目、临时性功能开发和创新资金计划也可能不再需要。市议会也意识到，以规划权力使莱斯市场的建筑与用地继续保持工业功能的做法已不再可行。故转而采纳了一种积极的促进商业功能的政策，强调保留并发展适当的商业以适应当前的市场条件。

现在，莱斯市场的工业和办公建筑存在大量剩余面积，超过1/3的办公楼空置。如果其他城市中心和边缘用地发展办公功能，那么在一个相当长的时期内会减轻莱斯市场办公建筑开发的压力。但是在城市中心周边高质量的办公空间存在着一种撞击效应，会进一步排斥莱斯市场发展成为一个办公场所，导致闲置和废弃增加，除非能发现其他功能。《莱斯市场策略》(1995年9月) 的第二次审议文件指出："尽管在某些领域取得了相当的成就，特别是旅游业发展迅速，莱斯市场仍旧存在一些严重的问题"(p.1)。这个街区的办公建筑空置水平仍然很高，保留下来的服装和纺织公司面临严重困难。由于缺乏足够的财政支持，使得向居住功能的转化并不成功。一些重要建筑，如亚当斯大楼等仍然闲置并继续恶化。鉴于莱斯市场面临的持续困难，市议会修改了规划政策"以促进多功能"的发展 (p.2)，同时保持对服装和纺织部门的支持。另外，市议会也继续承担对城市保护和环境发展的义务。

在英国，新近修改的国家城市规划导则更加强调积极地利用历史建筑，以此作为保护的最好方式。该导则建议，若原有功能已难以为继，地方规划部门要考虑历史街区与建筑适应变化的能力。所以，如果建筑现有功能在经济方面过时，那么就应该寻求新的功能。既然莱斯市场企图通过保持和重建原有功能来振兴的可能性已渺茫，以后将采用这种新的策略。

伯明翰市珠宝街区

伯明翰珠宝街区坐落在城市中心的西北侧。大查尔斯街（Great Charles Street）、高速公路以及伯明翰和费兹利（Fazeley）运河将这里与城市中心分开。不过，这些自然屏障有助于保护它免受开发的压力，创造出一个与城市中心只有几分钟路程而相对安静的飞地（图6.4）。伯明翰仅有的乔治时期风格的广场，即圣保罗广场周围的历史景观大部分还完整无缺。尽管如此，城市大部分历史肌理均已不存在，只有一些碎片令人回忆起街区的过去。不过，这些街区的特性在于其中的活动而不只是它的物质景观。正如维克多·斯基普（Victor Skipp）在《伯明翰的维多利亚式建设》一书中提到的："与英国其他20世纪的城市相比，这里有一些无可比拟的成分。因为珠宝街区是一个高效、功能现代的工业街区，它不仅有满街的作坊和小工厂，它们看起来仍像是一个世纪前的样子，而且其中相当一部分还以原来的方式使用着"。URBED叙述道："几乎没有其他街区能够普遍性地以原有功能存在这么久，形成这一特征的是城市活动而非建筑。"

直到18世纪中叶，该地区的房产一直为科尔莫（Colmore）家族所拥有，用地内有溪流和池塘，景观十分迷人。1746年的一个议会法案使这里的房地产得以开发。1779年兴建了圣保罗教堂（St Paul Church），它非正式的名字是珠宝商教堂。不久以后又建设了圣保罗广场。自16世纪80年代以来这个地区就是金属器皿的制造中心，18世纪末珠宝加工业才开始出现。直至19世纪中叶，这里一直以居住功能为主。不过这时由于对便宜珠宝的需求以及加利福尼亚和澳大利亚黄金开采的增多，珠宝加工业开始迅速发展。

珠宝街区集中了许多手艺人，珠宝制造是相对小规模的活动，投身这种贸易由于启动成本低而相对容易。当这些家庭搬到卫生条件更好的居住区时，原先的住宅用地就变成一系列作坊区。用地经过改造和扩大后，新的街道穿过花园和院落，在空地上兴建新的作坊。当所有的花园中都建满了这样的作坊，这个地区就变得非常

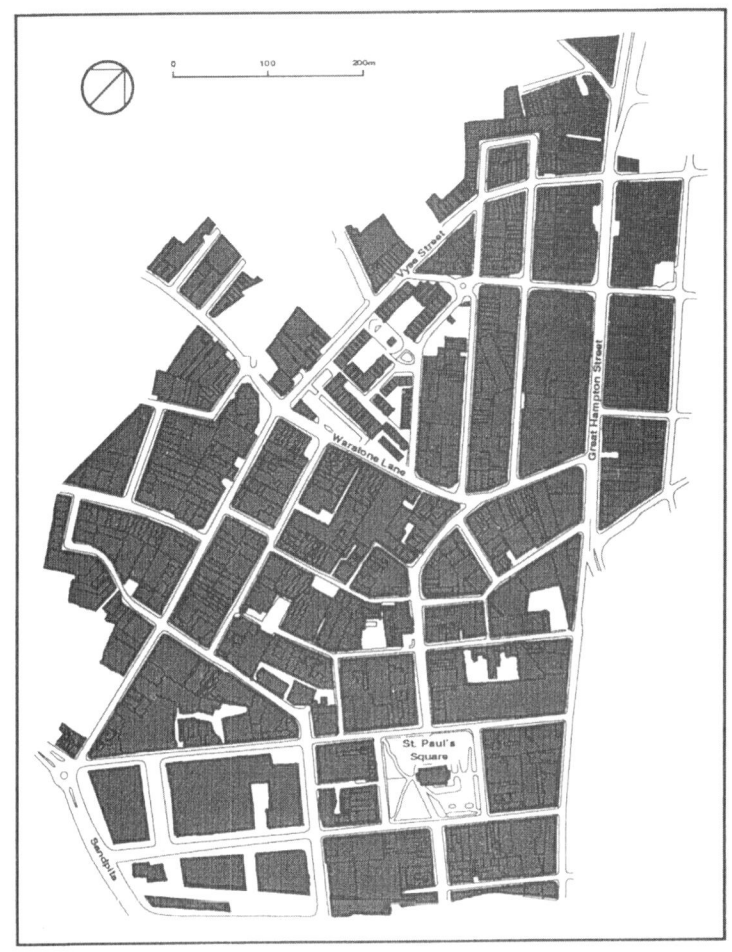

图 6.4
珠宝街区平面。这个传统上被看作珠宝街区的地方面积大约为100英亩(40hm²)。

拥挤（图6.5）。这些作坊位于伯明翰最拥挤、条件最差的地区（儿童雇佣委员会第三次报告，1862年）。狭窄的街道成为珠宝街区的一个特点。不过，由于这里能提供高技能的工作且报酬较高，街区的贸易量不断扩大。到1866年，珠宝贸易成为伯明翰最大的产业之一，共雇佣了7500人，将住宅改造为作坊的功能转变进行得很成功。

随着贸易持续扩大，到1886年这个地区雇佣了大约1.5万人。专家和工匠之间紧密的相互依存意味着产业会继续在这个街区集中。尽管存在一些更大的经营企业，但普遍的生产单位还是小作坊或者小工厂（图6.6）。1887年在此成立了英

图6.5
珠宝街区的住宅转变成作坊／经营场地。

国珠宝商协会，1890年又成立了珠宝学校，它们都位于这个街区内。而且当地的
珠宝匠还以兼职授课的方式支持学校的发展。伯明翰的珠宝业于1914年到达顶
峰。当时它是城市的第二大产业，仅在珠宝街区就雇佣了2万多人。由于外国市
场的减少和海外竞争的增加，第一次世界大战后珠宝工业衰退了。这种衰退一直
持续下来，到20世纪60年代珠宝街区只剩下一片狼藉，在严重的衰退和损坏中
苟延残喘。

图 6.6
珠宝街区的工业建筑，其空间尺度与莱斯市场截然不同。

　　当时的城市规划提出将街区贫民窟整体清除，并以多层板式厂房建筑取而代之。"甚至珠宝商协会也支持对'拥挤的作坊和住宅'予以彻底改造，认为平卧在草坪间行列式的工厂是可行的"（Pearce，1989 年，p.49）（见图 3.5）。不过，伯明翰城还有其他优势，20 世纪 50 和 60 年代大规模的内城清除与再开发并未触及珠宝街区，使它得以保存至今。究其原因，是由于小尺度建筑和分散的所有权阻止了大规模的再开发。地方政府起初要求在街区中取得大量的土地，提倡大规模的再开发计划并将工业集中在大约 1/3 的用地内。尽管这些再开发计划只有一部分得以实现，该地区却因这种规划而继续衰退。市议会实施了规划的第一阶段，建造一个贸易中心。为此开发了一块于 1963 年强制收购的用地，它是位于维斯街（Vyse Street）、沃斯顿路（Worstone Lane）和霍克利街（Hockley Street）之间的一个三角地。该项目的目的是把很多珠宝公司安置在现代化的、专门建造的经营场地中开展贸易，以底层为零售空间。为此规划另外还提出兴建一座多层停车场以减缓内城面临的停车压力。这座建筑原先以霍克利中心而为人所知，它是一座 7 层高的厂房。它现在归一家私人公司管理并且新命名为"大销钉"（The Big Peg）（图 6.7）。

图 6.7

Hockley 中心及 20 世纪 70 年代珠宝街区的零售业开发。

1973 年 1 月的《伯明翰晚间新闻》（Birmingham Evening News ）总结了这种开发所造成的结果："由于新综合体的高昂租金，许多小公司不得不从这个街区搬迁到城市的其他部分。新综合体中的使用单元对于一人独立经营的业务来说也太大了，实际上它更适合于小型作坊。但对于这种作坊来说装修的成本也太高了"。可以认为，这种新建建筑的开发导致原有产业的进一步衰退，这些产业在 1965 年有900 家公司和 8000 雇员，但到了 1985 年却只有 600 家公司和 4000 雇员。这个例子表明考虑不周的规划虽然出于好意去保护珠宝工业，但实际上却加剧了它的衰退。

珠宝街区的功能振兴

1973 年《伯明翰城市结构规划》（City of Birmingham Structure Plan）取代了1960 年的《伯明翰发展规划》，它提出的政策变化是围绕珠宝街区的财富开始其转化进程。这项计划的两个明确目的和目标就是构成珠宝街区政策指导方针的基础。它们首先是鼓励现有工业的增长以及建立新工业和其他的就业资源，而第二是保护和提高物质、建筑、历史和其他的环境质量。为了有利于准备一个更详细的《城市中心地区规划》，要进行进一步的研究，他们的发现将用于起草《伯明翰城市中心地区规划》，并最终于 1984 年发表。不过在颁布之前，应实施其他的政策和倡议以鼓励珠宝街区的振兴和功能更新。

作为放弃大规模清除政策的第一步，市议会在 1971 年宣布将圣保罗广场（St Paul's Square）周围划为保护区。在 1980 年，城市又提出两个保护区，涵盖了珠宝街区的大部分，以保护现有的城镇景观，防止工业社区的进一步消散，它们是：凯山（Key Hill）保护区（1980 年）和珠宝街区（Jewellery Quarter）保护区（1980 年）。同时，它还扩展了圣保罗广场保护区。设保护区的意图是保护城镇景观，但也防止珠宝工业区的进一步分散。

1980 年，市议会将珠宝街区指定为工业改善区（Industrial Improvement Area，IIA）。委员会认为伯明翰的历史遗产在于丰富的老工业建筑，而它们受到不良环境、空置场地和经营场地、贫乏的使用和服务设施，以及很高的犯罪率的影响。尽管有这些因素，市议会认为这些地区仍有潜力来更新地方经济。IIA（工业改善区）的指定给业主以财政上的动力改善其建筑。到 1989 年，落实的项目超过 370 个，成本计算将近 1100 万英镑，约 60% 来自私人部分。据《伯明翰晚报》（the Birmingham Evening Post）1989 年 8 月的报道，若不是指定为 IIA 和对街区建筑的物质改善，许多建筑将出现法律上的过时，并且仅仅因为健康和安全的原因而倒闭。它还认为迁

图 6.8
珠宝街区圣保罗广场。珠宝街区的这一部分已经确定为一个多功能区，存
在相当可观的住宅开发机会。

出的公司不可能负担在城市其他地区的租金。

　　在20世纪80年代实行的政策认识到街区土地使用的新兴形式，并且有效地将珠
宝地区的IIA划分为两个不同的区域：圣保罗广场地区和珠宝贸易地区。在珠宝贸易
地区，办公开发不受鼓励。在圣保罗广场周围地区，市议会采纳了一种功能重建的方
法即允许办公开发，但同时限制开发的数量以保护城市中心的主要办公区。另外，在
尚未有一个针对珠宝街区的特殊政策时，1984年的《地方规划》确定如果环境标准
许可，在圣保罗广场周围的多功能地区存在着相当可观的住宅开发机会（图6.8）。这
种方式和那种以办公功能置换工业功能的争论有关，与之相对照的是莱斯市场倚重办
公置换的整体设想。同样，也应该认识到开发的压力在两个区位是不同的。

1984年的《城市中心区规划》（City Centre Local Plan，伯明翰市议会，1984，p.9）指出，工业功能占了中心区用地的40%。珠宝街区就是这样一个为企业提供重要的区位优势的地区，这里有良好的通讯设施、毗邻城市中心的公共设施、潜在的大量劳动力以及公司之间的良好关系。所以，规划在珠宝地区采取了一种工业改良的政策。

尽管这个地区仍旧拥有许多熟练工匠，自第一次世界大战以来，珠宝业不仅衰退了，而且面临进一步的挑战："来自国外的产品不仅更便宜，而且在很多情况下设计得更好。另外，产品利润受到大买主的挤压，邮寄订单目录和来自高街（High Street）的竞争也提高了成本"（URBED，1987，p.5）。"这个街区首先是珠宝制造中心，并主要在中等价位上进行竞争，它一直保持着在其他产业中已消失的技术和专业化的传统。街道实际上构成了生产线，大多数公司只雇佣少量人手"（URBED，1987，p.5）。除了在珠宝街区内高度集中，珠宝业在其他街区也变得越来越集中，大部分工厂设置在约35英亩的区域内。

许多公司没有长期租约，只需支付很低的租金。尽管屋主不愿意在建筑上投资，但也几乎没有搬迁的压力。所以，工业从持续的集中和经济积聚中获益。珠宝街区的额外收益是珠宝商之间强烈的社区精神。这种社区精神保护着本地区的功能，在维持为产业服务所需的公用技能方面起到关键作用。在此成立了珠宝商协会以代表本地区珠宝商的利益。协会忠诚于这个地区，热衷于街区改善并与市议会保持经常的联系。珠宝商们的和谐一致确保了这里的功能保护与振兴，市议会在为这个地区选定振兴政策时确已考虑到这一点。

珠宝街区的功能多样化

从20世纪80年代初开始，珠宝业的一部分有了明显的变化，"为了应对衰退和促进现金周转，制造公司开始进入零售业，它们把临街的房间变为陈列室。一些大的珠宝进口商也加入进来，把原先的厂房改为店铺"（URBED，1987，p.6）。1982年时只有两个零售店，到1987年增加到近80个，现在则超过100个。这些店铺主要集中在维斯街、沃斯顿巷及珠宝银器中心。不过在1987年，URBED报告说，"许多新成立的公司对所发生的变化感到遗憾，因为大多数商店都打出'廉价'的招牌"。但珠宝店是街区旅游的主要内容，这暗示出旅游业开发所具有的潜力。

1987年，URBED受委托就旅游业的开发潜力提出报告。它注意到街区内独特的新兴功能。这儿有一个珠宝"市场"的"金三角"（由沃斯顿巷、维斯街和斯潘塞街构成），还有一个作为大型制造公司集中地的"工业中心"，它位于维多利亚街（Victoria Street）和弗莱德里克街（Frederick Street）的中部。此外还有圣保罗周围地区，这里将"成为一个'时尚区'，有设计公司的办公室、酒吧和餐馆，可能还会有别的功能加入，直到这里成为一个重要的吃喝玩乐一应俱全的场所"。值得注意的是，URBED 的顾问们并不认为"把整个珠宝街区看作一个大的一般性旅游地有什么不对"。他们的报告发现了三种引人之处：珠宝零售商、圣保罗地块作为一个"时尚区"的潜力，还有街区内在的历史特性。和大多数城市历史街区一样，其名胜古迹也是易于接近的，比如通过博物馆、工业旅游和旅游服务中心等。这些设施已经或正在街区中开发。不过，与莱斯市场的情况一样，在生产企业、旅游者及旅游业的需要之间存在着冲突。"过去本地区居民的活动只与贸易相关，一个陌生人很容易被识别出来。现在则再也不可能了，犯罪率总是上升，安全保证越来越困难，成本也更加昂贵"（URBED，1987，p.7）。

珠宝街区的未来

1991 年 2 月通过了《伯明翰整体发展规划》，它取代 1984 年的《城市中心区规划》，成为 2001 年前惟一的法定土地利用规划。UDP 发展了为珠宝街区制定的城市政策，将伯明翰及其城市中心与珠宝街区本身发生的变化予以统一考虑。UDP 认识到珠宝街区是一个长期形成的轻工业和商业区，继续承担着 IIA 宣称的"支持制造业和工业发展的每一次努力，并将不允许在街区中心发展非工业化活动"（图 6.9）。

UDP 本身受到 1990 年《城市中心设计策略》（*City Centre Design Strategy*）的重大影响，这是伯明翰城市设计研究小组（Birmingham Urban Design Studies，BUDS）的最后一份报告。它"实质上是关于怎样使伯明翰中心成为一个更让'用户满意的'地方的长期策略"（BUDS，1990，p.1）。报告由设计顾问们起草，其观点集中代表了 20 世纪 80 年代伯明翰多次城市设计研讨和论点的精华部分。策略提出将伯明翰城市中心区作为一个整体予以对待的概念，认识到"一些独特的街区……具有……潜在同质的城镇景观特点"。街区概念也因此作为规划设计政策予以采纳。值得注意的是，在这个文件中，所讨论的珠宝街区实际上分成两个街区：圣保罗及其周边和珠宝街区。该设计策略为每个街区准备了以街区为基础的城市设计框架（见图 3.6）。

图 6.9
珠宝街区银色中心。原先的工业建筑已经转化为标准作坊单元,它的大小和尺度在珠宝街区是不常见的。

1991年的UDP提到,规划的命运将取决于20世纪70年代以后城市螺旋式衰落的趋势能否得到逆转。城市经济的长期复苏和城市受到衰退影响的那部分地区的振兴将仍旧面临十分严酷的局面。UDP试图打破城市中心周边的混凝土壁垒并将城市中心的功能扩展到邻近地区。为此需辅以相应的政策,以寻求获得一种和谐的混合功能,尤其是发展住宅建设。就珠宝街区而言,UDP认为"在圣保罗广场及其周围引入居住因素有利于城市中心高质量住宅的供应。而另外的机遇存在于周围的街道中,可沿运河建设为各类家庭所需的住宅"。另外,规划更强调鼓励对珠宝街区和伯明翰中心区实施联合开发。它还提到大查尔斯街/皇后大道(Great Charles Street/Queensway)将珠宝街区与城市中心完全隔离,并且提议"在新霍尔街(Newhall Street)重新设置交叉路口,并且提议将拉德盖特希尔(Ludgate Hill)转化为大查尔斯街的一部分,成为一条供当地经销商使用的绿树成荫的大道。这将使珠宝街区更完整"。市议会对该地区的环境改善做了很多工作,比如整理人行道、停车场、街上的垃圾箱和招牌等。UDP认为应该进一步促进这些整治工作,而且"应该认识到街区自身的开发需要保留本地区的独特性,要审慎处理其周围环境。新的开发一般应该控制在2~3层高"(伯明翰市议会,1991年)。在维斯街的新火车站,将进一步加强珠宝街区与城市其他地区的联系。

布拉德福德的小德国街区

位于布拉德福德市中心的边缘,小德国街区(Little Germany)是英国最好的维多利亚式仓库聚集区之一(图6.10)。与莱斯市场和珠宝街区不同,这个街区原有的工业已经消失。所以,在这个地区没有进行功能保护和振兴的机会或者需求。所需的只是经济重建,需要将新的活动吸引到这个街区中。

小德国原来是布拉德福德的商业街区。布拉德福德的重要转折点是随着工业革命一同来到的。这种变化主要归因于1760年以后纺织工业中精纺业的变化和高度组织化的增长,以及过度资本化的钢铁业的发展(Firth,1990)。到1850年,布拉德福德从一个世纪之交时约1.6万人口的小市镇转变成一个有约10万人口的兴旺的工业和商业中心——"世界羊毛之都"(布拉德福德经济发展部,BEDU,1991a)。

在发展过程中,越来越多的外国商人,尤其是德国人,来到布拉德福德居住。19世纪中叶这些商人有能力投资建设高质量的建筑,其中很多作品到现

图 6.10
布拉德福德的小德国街区平面。面积约 20 英亩，由 85 栋建筑组成，其中有 55 栋
列入保护名录，是受保护的工业建筑最为集中的地方。

在仍具有建筑学和历史学的重要意义。小德国街区创立并主要建成于 1854 年
到 1874 年之间。这段集中的建设和开发期有助于形成街区的建筑整体性（图
6.11）。

　　然而，这个地区的繁荣由于第一次世界大战的爆发而突然终止，当时德国
商人被迫离开这里。这很快导致了街区的衰退，并间接导致整个纺织业的衰
退。这种衰退持续了整个 20 世纪，到 20 世纪 60 年代末期，大部分剩余的纺织
商人搬出了小德国街区，原有的产业活动几乎没有保留下来。许多建筑由于不
能适应现代制造业的仓储功能而空置并遭遗弃。幸运的是，街区的大部分建筑
逃脱了为综合性再开发而进行的拆除活动，而布拉德福德许多其他维多利亚式
建筑却未能幸免。

图 6.11
布拉德福德市的小德国街区，大部分建成于1854～1874年间。这段集中的
建设期对形成街区的建筑整体性具有重要作用。这些优美的建筑有着装饰
性的立面，反映出商人在国际市场上所赢得的权力和声望。街区内宏伟的
仓库建筑体现出商人间的竞争和争胜好强的性格。

小德国街区的保护

小德国街区的状况自1973年开始出现变化，当时它被布拉德福德市议会指定为
保护区。有55栋仓库被确定为保护建筑，这是为保证街区保护而采取的第一次积极
行动。自20世纪70年代早期以来，城市采取了一系列政策和议案来帮助这个地区
实现经济振兴。

　　该地区的发展受到严格的条件限制。它因毗邻城市环路而与城市中心的活动完全隔离开,然而也正是此环路为街区提供了接入机动车路网的良好的可达性。但总的来说,城市道路结构系统以及其他一系列对现有道路的改善导致了相当的衰退,尤其是对布拉德福德这样位于城市中心周围的老工业区。尽管环路计划不能取消,20世纪70年代其他道路计划的放弃和修改却有助于减轻进一步的衰退。市议会采纳了一种观点,即在现有的街道形式中采取小规模"插建"(infill)是最好的发展方式,它能鼓励私人业主采取主动行动,减小规划性衰败。在这种历史街区不能再采取综合性再开发的方式。

　　值得注意的是,与莱斯市场和珠宝街区相比,这里没有机会或者需求在街区内尝试保持和振兴原有功能的政策。因为这个地区的纺织业仓库大都处于衰败中,恢复原有功能将是不适当的而且在商业上也是不现实的。因为其他国家的劳动力成本,尤其是远东地区的生产效率和生产过程革新,对于布拉德福德和小德国街区来说存在着太强的竞争力。

　　正如《布拉德福德城市中心区规划》(Bradford City Centre Local Plan, Bradford CC, 1984)中宣称的,城市和郡议会承诺有义务振兴布拉德福德的老工业区。他们的方法是"开发土地,刺激新产业并且支持现有商业的发展"。作为帮助这些中心工业区的一种积极尝试,市议会于1982年公布了两个改善区。小德国街区位于福斯特广场商业改善区(Forster Square Commercial Improvement Area)之内。政府提供相当多的公共基金以补助金的形式提供给私人公司,同时也用于公路和环境改善。这些公共部门作为"刺激经济的政府投资资源"用于吸引额外的私人投资。这个地区共有约25%的主要建筑得到了改善,尽管不是所有的项目都获得了CIA(商业改善区)的资助。然而,随着1993年城市发展资金项目的结束,CIA最终没能继续下去。但小德国街区属于布拉德福德的经济优先发展区,为保证经济增长,在分配公共资源时给予这些地区以"第一优先权"。

　　在小德国街区和教堂保护区,市议会允许在这些以工业仓库占主导的街区中发展替代功能,例如小型零售出口、咖啡和摩托车展示等,在小德国街区也能发现这样的实例。这可以看作是发挥这些地区特殊潜力的方式,包括鼓励多层建筑的多功能发展,使建筑恢复使用功能,为街区带来更大的活力。

　　市议会此时也意识到,由于持续的产业空心化,要适应服务行业就业人数的增加,就需要增加城市中的办公空间。这与莱斯市场恰好相反,在那里向办公功能转化是被禁止的。这些办公空间的适当区位是在城市中心及其周围地区,例如像小德国街区这类地方。其空置建筑能够进行改造并转化为办公功能。然而，1984年当市议会开始在七个地方鼓励大规模的办公功能开发时，其中只有一个位于小德国街区内，即 Church Bank 用地。现有的经特别建造的仓库建筑向办公的转化并不总是一个简单的过程，因为许多建筑都已变得过时，使得潜在的开发者在考虑迁入时觉得既不合要求又不切实际。很多建筑必须经过相当大的内部改造使它们适应市场的需要和更为苛刻的法规要求。尽管当时对这种空间的要求很低，市议会仍旧试图保持其规划原则和设计标准，以及避免对城市建筑遗产产生不必要的破坏。近些年来，VAT 明显提高了建筑修复中功能更新的成本。

小德国街区的振兴

为促进小德国街区完全复兴的第一次努力始于该地区由市议会资助的一项较大的拆除计划。另一项目是将节日广场（Festival Square）作为地区中心一个非常重要的公共空间予以开发。这些项目将在地区内产生自信与主动积极的参与意识（见图6.12）。节日广场曾用作1986年一个节日的庆典场所，后来逐渐成为每年的布拉

图6.12
节日广场，小德国。节日广场在20世纪80年代中期作为小德国中心的公共开放空间而开发的。

德福德节的所在地,直到今天它在这个地区仍然享有重要的地位。1986年以后,市议会、国家旅游局和英国遗产署邀请私人顾问机构URBED为这个地区制定一个振兴策略。

策略指出了大规模环境整治的必要性,其中包括改善街道照明,灯具要采用一种与街区工业遗产相和谐的形式,并提出铺砌新的石板人行道等规定。报告指出停车是这个地区一个需要特别关注的问题。所以,在街区北部修建了一个140车位的停车场,还引入了街道停车的许可系统。

1987年市议会在街区中心开发了两个重要的示范项目。一是将Peckover街的商人住宅改造为高质量的办公空间;另一个是将位于Burnett街和Peckover街转角的3层建筑改为布拉德福德设计交易所,内设画廊、工作室和办公室。由城市经济开发组提出的一项申请成功地获得中央政府价值100万英镑的补助金,它属于城市规划中资助的商人住宅开发计划。所有项目都面向节日广场。这些项目意在"显示私人资本也能够做到审慎而富于创造性地从事振兴活动"(BEDU,1991a,p.24)。至于其他振兴创意,都是为了在这个地区产生自信并且创造一种积极、兴旺的景象。这两个项目的主要目的是为了吸引私人投资以进行另外14座建筑的整治。在四年多的时间里,政府部门用于刺激经济的投资和私人行业的投资总和超过了2000万英磅。

到1990年,似乎振兴工作的大部分已接近完成,但仍给人一种感觉,就是这个地区的恢复还不足以使它自立。因此看来十分重要的就是寻求发展动力,即继续把私人投资吸引至该地区,保证其物质环境的进一步改善。然而,市议会总是期望不断增长的私人经济活动能够加大投资以减少政府的财政困难,于是减少了街区持续更新所需的财政支持和扶持时期的投资。所以人们开始寻求建立一个机构能够在某种程度上继续协调振兴活动。

URBED建议应该建立街区活动小组。这类似于莱斯市场开发公司(LMDC)。不过,LMDC具有明显的资产开发性质,而小德国街区活动小组涉及更广。这个机构的目的就是保证在该街区尽最大努力取得"自立、振兴最为关键的下一步"(URBED,1992)。这次创意命名为"小德国街区行动",尽管它是由URBED发起和管理的,但是由政府部门,即Leeds/Bradford城市活动小组和英国电信的"社区计划"资助,并获得布拉德福德市议会、布拉德福德商会和英国遗产署的支持。

成立街区活动小组的创意基于URBED在伯明翰珠宝街区的一种开发模式。这个创意的基本特点是具有公共和私人部分合作和协调的能力,在短暂而有限的时间内努力协调,以实现共同的振兴"梦想",并且如必要时可从其他地方获取经验。以后重建了小德国街区改善协会,在这个过程中进一步寻求对上述梦想的支持,但这个协会仅在1986年存在了很短的一段时间。街区活动小组的长项是它提倡实际的行动,而非编制报告和策略,它与当地民众密切合作以确保创意是实际的且适合他们的需要。将振兴的梦想置于对本地区、相关公司和组织的经济活动的分析基础之上。因此它试图建立本地区的优势并确定可能的增长方向,"创造出一个多样而健康的地方经济和一个兴旺而富有活力的街区"(URBED,1992,p.5)。寻求对这个梦想的支持是一个重要的阶段并需要与街区内外的民众、团体和公司进行定期的接触、讨论和磋商。

"小德国街区行动"在本地区内的运作从1990年7月开始到1992年7月结束,这段时间还伴随有经济衰退。它有两个全职雇员,在两年多的时间内获得一笔160000英磅的小预算。设立这笔预算用于六个主要目的:鼓励在本地区建立和发展创造性的商业,开展设计和文化活动;募集额外资金,尤其是从私人部门,以促进本地区现有商业发展的潜力;促进投资使空置和使用不足的房产发挥新的功能;开发小德国街区作为一个旅游场所的潜力;帮助和鼓励当地居民在本地区的未来发展中起到一种更为积极的作用。

"小德国街区行动小组"(LGAT)的主要任务是发展其振兴策略的四个主要的部分:即商业开发、文化开发、旅游业开发和住宅开发。它认识到商业活动是其中最重要的也是最需要大力发展的方面之一。要承诺促进这一部分的发展并且确保其他部分不会危害现有的商业活动。因此LGAT与当地公司之间寻求一种合作伙伴关系,在两年多的时间里采纳了许多创意。首先,在这两年时间里,对当地商业和那些想搬进本地区的人来说,小德国街区行动就像一个活力中心。它编制了本地区可用空间登记的商业内容概要说明书,这对于当地公司来说是很实用的。它与布拉德福德企业中心达成了在本地区建立商业诊疗室的协议。它更新并用计算机处理区内的资产纪录,列出当地所有的建筑及其面积、所有权和空置状况,便于那些寻找经营空间的公司与那些有空间出让的建筑业主联系。另外它还开始了一项商业活动治安计划,应对本地区的犯罪与保安活动。接着它还进行研究以确定当地对就业的培训需求、建立台式电脑出版部门。作为回应,设计交易所现在提供台式电脑出版设施,当地的一些公司已经急切地想利用这项服务。

许多受"小德国街区行动"帮助的公司都与设计和艺术活动有关,这是本地区创造性商业的历史特点。在这两年内LGAT还组织了很多其他的相关活动并提供服务。它为客户提供单独的帮助和建议，还为街区的文化组织提供有影响力的声援，有很多人在两年的时间内经历了严重的困难。在设计交易所开张之后，LGAT组织了一系列设计论坛及会议，使许多来自各个设计及工业领域的人们聚到一起，推介设计交易所并鼓励与本地区有关的讨论。LGAT还推动系列公共雕塑的建设，其背后的动机是除了优秀的建筑之外，街区还需要额外的吸引力以吸引游客。这种户外文化活动能形成积极的文化景观。为此组织了一场雕塑竞赛，获胜的作品已经安置在礼拜堂街（the Chapel Street）的端头。

LGAT推动了剧场的整修。该项目的开展主要是由于英国电影学会于1991年决定搬到城市的其他地方而降低了剧场的影响，整修旨在促进它的复兴。LGAT接受了最初的设计作品并鼓励当地建筑师参与这项计划。它从城市计划中获得2.5万英镑作为这项活动的补助金，剧场也为此拨出了2.5万英镑。LGAT除积极为职业艺术家在该地区寻找他们承担得起的活动空间外，还开展了一个名为"夏季"的设计活动，这是LGAT协调和汇集地方文化创意中最重要的一个项目。这项工作获得很大成功，其标志是小德国街区在1992年艺术委员会和英国煤气公司举办的"为城市而工作奖"中获得亚军，该奖是为推动艺术在城市振兴中的应用而设立的。在该项目进行的最后阶段，街区已拥有三个露天影幕、三个影剧院、三个展示场、两个电台及暗房和录音设施、7000平方英尺的艺术家研究空间、五个带有歌舞和音乐表演的酒吧，布拉德福德天主教堂还开展了夏季独奏音乐会，另外还成立了布拉德福德艺术俱乐部等。虽然LGAT不能将所有这些成就直接归功于自己，但确实在发展和协作中起到了重要的作用。最为重要的是，将这些设施整合在一起形成了一个文化街区。不过，本地区作为一个文化街区，其影响并不如在第四章中讨论过的坦普尔街区那么重要。

尽管布拉德福德很强调旅游的积极作用（例如，Kotler, 1993），小德国街区还尚未在城市的旅游业中发挥更大的作用。即使它具有建筑和历史遗产的优势，但它与Saltaire的Titus Salt模范工业村处于同等地位，后者也位于布拉德福德。旅游业被看作是LGAT要开发的一个很重要的方面。然而，有两个需要着重关注的地方。即开发目的不是将这个地区改造成为一个做作的遗产主题公园，就像Wigan Pier那样，让演员身着历史服装进行表演以活跃旅游气氛。此外，本地公司也担心街区增加的游客将加剧这里本已严重的停车问题，使出行更加困难并引发潜在的安全问题。所以旅游开发的主要目的是以一种补充街区现有活动的方式来吸引潜在的游客。LGAT采用了许多创意，包括制做布告板来导引游客，宣传参观场地并解释相关的街区历史。为使游客了解该地区的遗产，还组织了一系列指导性步行场所作为"夏季"活动的一部分。

为吸引游客来到这个地区并让他们逗留一段时间，人们认识到必须有合适的服务设施。所以有人提出一些旅馆开发建议，得到LGAT的大力支持，它还为一些有兴趣在Well街开发Austral住宅的开发商提供实际帮助，不过这些项目还有待实现。LGAT还保证旅游业在本地区会发挥重要作用，将布拉德福德作为一个整体为游客提供旅游信息。

鼓励在小德国街区开发住宅是很困难的，因为它并不是一个公认的居住街区，所以早期迁入的居民都算是先驱者。LGAT和布拉德福德大学对在这里建设学生宿舍的可能性进行了评估与讨论。由于建筑改造的成本，以及本地区建筑的复杂性使得这个提议并不可行。其他在本地区进行住宅开发的提议都是针对特定地块的。例如当Downs Coulter 文化建筑毁于火灾后，市议会花费 80000 英镑用于剩余立面支撑结构的加固。为了弥补这笔费用，它获得了（在市场上）销售这块用地的权力，使北英住宅协会（the North British Housing Association）将它改造为 38 套单亲家庭公寓。

小德国的未来

小德国街区整治行动于1992年7月结束，从那时起随着持续的房地产衰退，许多振兴的动力都消失了。LGAT在应对街区的形象过时、突出这里的一种更为积极的形象和景观等方面产生了显著影响，作出了许多贡献。然而，实际的成果却相当有限。两个展示项目，就其自身来说都是成功的，但它们相互隔离难以形成聚集效益。其实 LGAT 常常被人所忽略的最实质性的贡献之一是其对街区的日常管理工作。与之相关，LGAT 所采取的各种措施有助于这个地区产生一种积极的和成功的景象，使各种未来的投资者产生信心。在许多方面，LGAT 扮演着与城市中心管理者同样的角色。

现在，街区无需什么特别政策扶持就能得到一些针对项目的资助。当商人或开发商寻求资金时，可以申请英国遗产署的保护区补助金或欧洲经济区发展基金（ERDF），因为这里是 ERDF 两个正式的目标项目之一。当前的这种发展策略意味着，保证整个地区范围的振兴仍然是其总目标，这必须通过基于用地、建筑和项目的整治活动来达到。这个实例的研究说明，布拉德福德试图通过对物质资产的经营，以适度的公共经费来振兴小德国街区。有理由证明该街区在布拉德福德的政策分歧中受到了损害，相对城市所追求的主要目标来说它已处于边缘位置，城市的一些关键性开发项目都位于城市的其他部分。

丹佛下城（LODO，LOWER DOWNTOWN，DENVER）

　　丹佛下城LoDo是位于第十六大街北端的一个历史仓库区（图6.13）。作为城市的发源地和许多机构兴起的地方，这里是丹佛地区最大的历史建筑集中地。整个街区混合了办公建筑、商店、餐馆和住宅等，也是丹佛艺术和设计团体的中心。大部分建筑为3~4层高，为桔红色的砖墙立面且多建于上个世纪之交。随着对新能源需求的高涨，丹佛下城的房地产于20世纪70年代后期和80年代初期一片繁荣。它的振兴集中于第十六大街，这是一条1英里长的笔直大道，从州议会大厦和市政中心区一直延伸到LoDo。这是城市为了与城郊的大型购物中心和免费停车场竞争，将人们吸引到城市中心而进行的一次成功尝试。然而，正如柯林斯等人所指出的："第十六大街购物中心的建造付出了高昂代价：重建规模过大，使丹佛失去了许多传统特征。可以肯定的是，要赋予城市以场所感，还有大量工作要做。保护主义者认为，若要保护下城，保持那种场所感十分关键。"与附近CBD的塔楼并列在一起，LoDo的确表现出一种人性化尺度的环境。

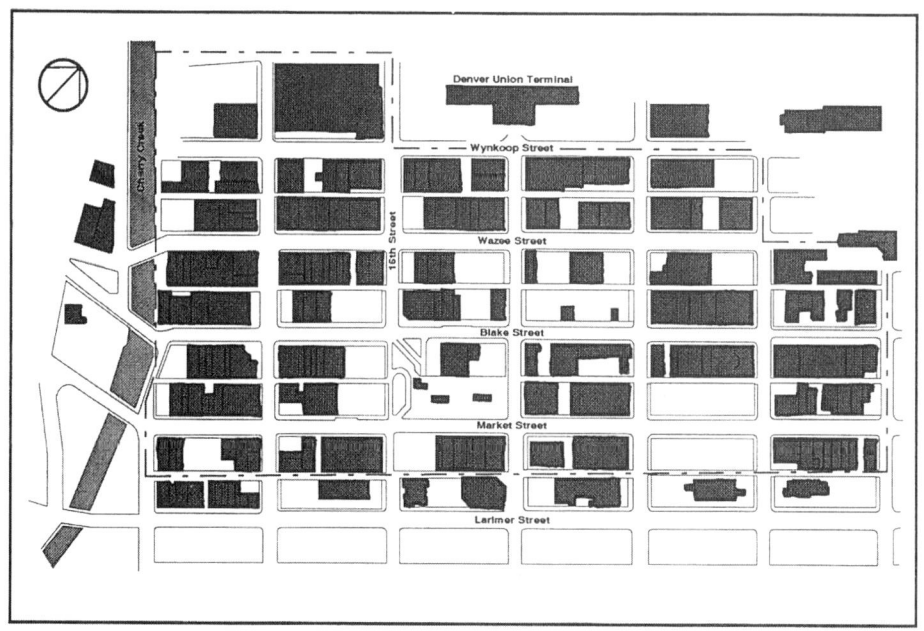

图6.13
LoDo，或称丹佛下城。LoDo地区有25个街坊，四周分别以斯皮尔大道（Speer Boulevard）、第二十街（Twentieth Street）、拉里米尔广场（Larimer Square）和普拉特中央谷道（Central Platte Valley）为界。

在 20 世纪 70 年代，LoDo 因过高的空置率而受到损害。丹佛商业杂志（Denver Business Journal）描述这里就是一堆"废弃的仓库、萧条的旅馆和不健康的酒吧"。不过在这段时期，保护主义者开始评估 LoDo 的历史建筑，并且为保护历史街区的设想争取公众支持。1974 年为包括 LoDo 在内的地区提出的分区法案就指望它能成为一个混合功能的街区。这项法案于 1982 年进行了修订，为住宅开发和历史保护提供额外的激励。然而，值得注意的是它缺乏对拆除或新建筑的设计标准进行任何控制。尽管保护主义者支持新法规，他们也同样希望能够把有关建筑拆除和设计管制的建议提交给市政府，只是这种情况没有发生。从 1981 年到 1988 年间 LoDo 大约有 20% 的历史建筑被拆除（Roelke，1992，p.7）。因此，最初的挑战就是对街区物质遗产的保存。

1984 年，市长佩纳（Mayor Pena）着手开展一个重要的城市中心规划研究项目，整个研究与所有大股份持有者保持合作关系。值得注意的是在丹佛建筑发展高涨的间歇期所进行的讨论，这个过程在 1986 年的《商业区规划》（Downtown Area Plan）中达到顶点。人们认识到 LoDo 的重要性并应当对它加以保护，将历史保护列为商业区相关法规的十个组成部分之一。更特别的是，这个规划提出"该区域必须通过一系列刺激新经济需求的行动来保护和再开发……通过保存现有建筑和促进适当的插建来保护其历史特性"。这个规划综合了一系列保护和复兴 LoDo 的建议，包括将 LoDo 指定为城市历史街区，并增加建筑设计和拆除的检查过程。本规划一开始缺少政治上的支持，直到 1988 年 3 月市政委员会才最终认可了 LoDo 的历史街区的地位。

这个地区所呈现的复兴是 1986 年完善的《商业区规划》的结果。这个规划声称：

> 商业区对整个城市和地区来说是一个有价值的资产，是下城中心区最后保留的有历史意义的商业空间……（它）可能成为丹佛最重要的地标……为了适应这种变化趋势，必须在这个地区保存、修复和振兴大量的和重要的老建筑。仅仅保护那些"最好的"或最具历史意义的建筑并不能满足城市的需求。

这个规划也推荐了其他一些措施，其中许多与这个街区的空间保护有关。首先，要有一个对拆除加以预防和控制的条例。为了保护 LoDo 的景观特色，需要保护、修复和振兴相当一大批历史建筑，这个责任就落在资产所有者身上。条例规定历史建筑重建和重新利用是不可行的。为了阻止历史建筑被地面停车场所取代，即使允许拆除，也必须在原有场地上建造一座适当的新建筑。在 1990 年 4 月和 1992 年 3 月之间，城市当局接收了 26 份建筑整治申请和 19 份小修申请，而同时仅接收了一项新建建筑和两项拆除申请。第二，发展和强化了最低设计标准以确保新旧建筑之间的和谐。第三，修正分区法规以降低密度奖励，该分区法规条例原先用于在城市建设中鼓励在用地开辟中庭和广场，但这与该地区传统的视觉特征相矛盾。现在在保护区则采取了相反的做法，为了鼓励在街区实现更为多样的混合功能，规定若开发商提供住宅、地下停车场或沿街商铺，就能获得密度奖励。另外，还降低了修复历史建筑时对停车空间的要求。这些新的控制措施引起了一些争论，所以城市当局承诺在法令实施的头六年内，每两年进行一次评估，以考虑是否保留或取消相关条例。

政府对旨在振兴本地区的公共投资、城市改善设计和商业促进活动都作出承诺。其中一个重要的承诺就是将插入 LoDo 内部，把对街区振兴构成主要障碍的高架桥移走。这个规划同样承认水道在丹佛历史上的贡献，并且建议整治 Cherry Creek 水道以便通行，这样可提高水力设施的利用率。LoDo 的振兴从基础设施投资中得益匪浅。将环境改善、街道维修、新的街道亮化工程、街道小品和街道步行化，以及建筑整治等方面的投资作为基本保障，为历史街区的经济振兴提供了一个平台。

鉴于其历史特性、规模、现有住宅、可利用的设施以及靠近市中心区的区位，《商业区规划》把 LoDo 确定为城市中心区的一个主要居住区，并且建议住宅开发以一种和历史保护相协调的规模进行。越来越多的历史建筑正在改造为居住功能，成为中等价位的公寓（loft）。也有其他一些尝试，就是提供一种更多样化的居住环境，以改变现有以中高级住房为主的状况：丹佛住房主管部门（the Denver Housing Authority）已经计划建造一些低收入住宅。

"LoDo 的持续振兴与那些已经规划和开发的新商业的数量有关"（Roelke，1992，p.13）。罗尔克指出，历史街区地位的确立意味着随着投资的增加，此类地区会受到保护免于拆除和毁坏，同时这里恢复起来的自信也会吸引越来越多的商业。对于已经开发的商业，便捷的可达性和宽敞的停车场会把更活跃的商业活动吸引过来。LoDo 继续吸引娱乐业和艺术活动在此扎根，包括专卖店、手工艺品商店、零售店和餐馆等。《下城行动计划》主张 LoDo 不应该是一个零售和金融区的延续，而应发展它独一无二的特性，从而与第十六大街的购物区相辉映。

1988 年的法规把 LoDo 指定为保护区，还设立了下城设计和拆除审查委员会

(the Lower Downtown Design and Demolition Review Board，LDDDRB)，作为丹佛地标委员会（the Denver Landmarks Commission）的一个下属机构。这个委员会有权审查地区内所有对建筑外部进行改造或修复的方案。它在保护该地区保留建筑及其视觉特征方面起了极为重要的作用。这项计划还认识到，为了达到保护和振兴的目的，有必要设立简单易行的金融支持系统，并为LoDo的商业开发提供经济刺激。为了做到这一点，由丹佛镇和丹佛历史有限公司（Historic Denver Inc.）设立了一笔周转贷款资金（RLF)，并因申请到一笔历史保护专用的国家信托贷款而得以实现。五个相关贷款机构也承诺审查并参加RLF的项目。按规定所有项目必须证明获得了RLF贷款，否则就不能实施。RLF提供低息贷款而不是补助金，贷款申请人必须提交偿还能力证明。这个资金为建筑和立面更新改造提供低息贷款支持。它最初是由丹佛合资公司通过下城商业支持办公室进行管理。罗尔克注意到，尽管许多项目没有RLF的资助也成功地实施了，但若没有这项资金，一些重要的项目就不可能实现。

LoDo 的未来

LoDo是城市商业区整体的不可或缺的一部分，这一事实在街区振兴中一直是一个主要的发展因素。它得益于，同时也有利于商业区的振兴。"这些部分：商业区的零售、住宅、接待和娱乐设施，必须也必将和谐地运转，发挥最大潜力"(Roelke，1992，p.11)。LoDo兼有办公、零售、餐饮、居住和停车场等多种功能，是一个成长着的社区，它与商业城办公活动之间产生了一种共生关系。罗尔克认为："因为LoDo的地区特性与商业区的中心比较，振兴应该展示出这种特性的优势和地区的气氛。活动、街道生活和购物是商业提供给其雇员重要的场所吸引力。作为中心区的促销工具，LoDo为把新的商业引入商业区提供了一种重要的引诱剂。因此为了恢复整个商业区办公市场的元气，外部部门的成功出现至关重要。同时也期望LoDo进一步从两个相邻开发—— Corrs Field 田径运动场和 Elitehes 游乐园——中获益，这将增加对办公楼、娱乐设施、零售和居住设施的需求。

结语

本章所讨论的四个案例研究展示了那些在19世纪具有商业和工业功能，而在20世纪经历了不同程度物质和经济过时的地区的不同做法。小德国街区经历了最严重经济衰退的命运，莱斯市场经历了一个较为缓慢的衰退，而珠宝街区在失去它世界领先的定制珠宝的优势地位之后，正欣喜于其时运的改善。这三个英国街区，除了遭受因世界经济变迁而带来的经济衰退，在20世纪50年代到60年代间一个短暂时期内，还受到公路建造计划的不利影响。尽管在三个街区中道路建造计划仅仅是靠近其边缘，但它们每个都经历了不同程度的衰败。当它们被宣布为保护区后，命运随之改变了。它们也因不同部分被宣布为 IIA 和 CIAs 而受益。在过去的20多年中，所有三个当地政府都做出努力试图振兴它们。

　　在莱斯市场和珠宝街区，振兴途径在很大程度上是尝试一种功能保护和更新。然而，当地薄弱的公司和商业削弱了这种物质保护和振兴（图6.14）。在珠宝街区，在一个暂短的拆除威胁和随之而来的破坏之后，物质保护和功能保护政策正在为街区的振兴创造必要的环境。因为这个街区从未失去其专业功能，规划政策通过有选

图6.14
在诺丁汉市莱斯市场的斯托尼街，由于具有工业用途的建筑物普遍缺少维护资金，所以经常能看到破旧的工业用仓库与已转为办公功能的外观质朴的其他建筑物相毗邻。

择性的功能保护和更新，成功地帮助了街区恢复、振兴与更新。

莱斯市场是四个实例研究中最具特色的一个。它也是地方政府决心通过功能保护与更新来复兴街区的最有趣的例子。从莱斯市场不同的发展政策和案例中可以看到当地相关机构在街区保护与振兴中发挥了积极作用，它试图充分利用中央政府的补助金和所制定的规划，同时尽力保证保护区产业特征的振兴。然而，尽管有很多的报告和提案，除了IIA资助建造了一座位于斯托尼街的多层停车场之外，仅有的实物证据就是一个稳定的莱斯市场。可以认为，是市议会坚持功能保护及其相应的产业规划政策，还有20世纪80至90年代间单一功能的发展，挫伤并延缓了莱斯市场的开发。依照市议会所预期的市场趋势和条件，Conran Roche的报告至少晚了五年才颁布，而且80年代资产开发的良机已经过去，因为在诺丁汉城市中心选择更好区位进行开发已然更为可行。虽然这个地区还没有全面复兴，但可以说它至少已经从全面向办公功能转化中被"挽救"出来。莱斯市场的特别之处并不仅限于它的物质景观，还有其中的纺织和制衣厂。尽管已不是原先的花边工业，但和这个地区的过去保持了一种功能上的联系。因此，莱斯市场的物质保护被看作是一种需要而不是一种足够的保存。规划和保护行动的两难之处，在于公司和商业因内部和外部的竞争而受到威胁时，振兴的迫切需要会在什么程度上危及莱斯市场的传统产业特征。

珠宝社区则非常幸运，它容纳了珠宝制造和零售功能。同样也很重要的是，伯明翰正计划继续改善它与城市中心的联系，并为未来的进一步改善制定城市设计导则。而另一方面，小德国街区虽因道路规划而受挫，但却从来没有被充分地注意到，并仍由于政策的多变而遭到损害。例如，若把国家电影博物馆设于小德国街区而不是城市中心，以改善二者之间的联系，可能早已改变了街区的命运。不过，在这个实例中，重要的是通过可以被称作"街区管理"的方式取得了成就，而且只需适度的经费。

LoDo和小德国街区已经尝试一些物质空间保护的手段并且获得了成功。在小德国街区，当地政府已经意识到功能保护将是一种徒劳的尝试，所以通过物质保护和功能多样化/重组的方法等行之有效的努力来促成振兴。当物质保护取得成效的时候，很难积聚经济复兴的动力。然而布拉德福德市议会没有帮助小德国街区，虽然它的中心区政策削弱了人们复兴这个街区的种种努力。相比之下LoDo的发展较为成功，因为多种原因它在物质振兴的基础上达到一种经济的振兴，尽管这种振兴仍处于初期阶段。丹佛的LoDo是城市历史街区成功振兴的一个例子。它明显地由于作为商业区规划的一部分而受益，该规划是为更新整个商业区而编制的。LoDo从商业区的振兴中获益，作为回报它对整个商业区的更新也做出了贡献。这个街区表现出明显的经济振兴迹象，为整治建筑和环境所采取的物质空间保护的方法在整个振兴中是很重要的。这一成功离不开法规和周转贷款资金的帮助。与莱斯市场不同，这里没有任何机会和期望进行功能保护。丹佛通过吸引那些愿意冒险在这个历史环境中投资的企业，力图创造就业机会，创建一个重要而有活力的街区。

7

城市历史街区中的设计

引言

　　城市历史街区的振兴包含着两个不可避免的相互对立的过程：即建筑和街区的振兴与保护，前者力求适应城市经济结构的变化，而后者则试图限制变化，以保护历史建筑和街区的特点。不过正如林奇所言："为了现在及未来的需要而对历史遗迹的变化进行管理并有效地加以利用，胜过对神圣过去的一种僵化的尊重。"实际上城市历史街区的物质形态的变化是不可避免的："一个不能改变的环境会招致自身的毁灭。我们偏好一个以宝贵的遗产为背景并逐步改良的世界，在这个世界人们能追随历史的痕迹而留下个人的印记"。对一座建筑的空间肌理的任何改动将不可挽回地永远改变它的历史，同时这种改变也会成为历史的一部分。在历史街区的规划活动也因此是一个以审慎而恰当的方式来管理其变化的过程，在允许必要的经济变化的同时保护地方的相关特征。伯滕肖说："城市规划的确必要，这不仅能促进城市发展并迎接未来的挑战，还使其适应今天的状况且不割裂与过去的关联性。"

　　本章将讨论注重街区空间与建筑特点的设计和改变所面临的挑战。它首先讨论对变化进行管理和控制的问题，然后调查了与振兴及那些与城市和建筑形式相结合的城市开发的相关设计问题。本章最重要的街区研究实例是伦敦的沙德·泰晤士和格拉斯哥的商业城街区，前面在第五章中曾对它们进行过讨论。

城市历史街区中的设计

对变化的管理

对变化的管理需要有效的控制措施，但控制的程度和范围通常是一个规范性的问题。对历史建筑和街区的保护、维护、修缮、改造和整治都涉及到在各种竞争性的需求间进行选择和判断。不过，在迫切需要的改造（必要的变化）与保护（防止变化）之间存在着一种无法改变的紧张状况，二者之间的关系必须协调起来。

场所精神（the genius loci）是一个城市历史街区最重要的美学特质，应当予以保持。因此，街区场所精神的连续性及其发展是城市历史街区设计时最重要的着眼点。历史街区空间特征的延续以及视觉特性的保持都依赖于保护，而且在必要时还依赖于街区肌理的整治。格拉茨指出，重要的挑战是"在不诉诸伪造历史和文物的情况下保护和修复物质空间，历史的延续性才能真正得到维持。"

大多数关于保护和保存的法令均包括一种反对拆除现有建筑的推定。在大多数国家，在获得拆除历史建筑的许可之前，开发商有责任去证明它已没有其他的经济功能。这类控制经常是很有争议的，尤其在美国，是由地方政府而不是联邦政府来操控。然而对拆除的控制程度（不管是保留所有建筑、只保留那些特别的特征还是仅保留最好的建筑等）需要仔细判断。在沙德·泰晤士街区采取了一种选择性拆除的政策。当地规划部门、伦敦港区开发公司（the London Docklands Corporation）承受了很大的美学风险，他们允许拆除某些质量相当差，或者修复状态较差以及没有什么建筑和景观价值的历史建筑。

同样，在大多数保护立法和条令中，通常会有一种反对变化的普遍性推定，一般通过限制建筑改变的数量和性质进行控制。对任何特殊建筑的控制程度都可能是不同的，但是通常对于"列入"保护名录或"地标"建筑而言，这种控制更具限制性。当然这类建筑一般更容易获得补助金和其他帮助，虽然获得补助金还需要达到一定的工艺水准（若修复造成损失则补助金会被撤消），而且补助金通常会延后支付以确保工程质量。

随着时间的推移，大量相对细微的变化所形成的聚集效应会侵蚀街区的固有特征，所以明确有序和无序变化之间的临界点是很重要的。在美国，大多数地区级历史保护区都设有一个审查委员会，它们批准或否决对建筑外部的改变，同时在分区系统之上设置了一个自由处理的控制层面。在美国，除了地方法令规定的方面，改变历史建筑一般不需要许可证。不过，对振兴的管理是通过一套财政和税收激励措施来实施的，以鼓励业主振兴历史建筑使其达到可接受的标准。这意味着如果业主希望从税额减免中获利，他们必须遵照已经规定和颁布的标准（见图7.1）。振兴的

---

1. 若需对建筑结构、用地及环境进行改变，或按原来使用功能、产权资等方面有最小的改变，都应尽力为建筑提供适合的功能。

2. 一座建筑原有的识别性、品质或特性不应被毁掉。尽力避免消除或改变建筑上的任何历史材料或特征。

3. 所有建筑、结构和用地都应能辨识出它们自己的建造时代，没有历史依据以及试图创造一种较早时期外观的改变不受鼓励。

4. 改变只有在保证其历史时代特征、建筑结构或其用地与环境的发展时才可以。这些改变应对建筑的未来发展而言十分重要，这种重要性应该可以辨别出来并得到尊重。

5. 赋予一座建筑、结构或用地环境的特殊风格特征或提供技术性范例应当审慎对待。

6. 退化的建筑特征应当尽可能进行修复而不是替换。如果必须替换，新的材料应当与被替换的材料相称，不管是在构成、设计、色彩、肌理还是视觉品质上。对业已消失的建筑特征的替换应当建立在依据历史、物理和绘画等证据严格复原的基础之上，而不能依据推测的设计或从其他建筑或结构上得来的可利用的不同建筑元素。

7. 结构表面的清理应当采用尽可能温和的方式。不应采用喷砂处理和其他的可能损害历史建筑材料的方式。

8. 应当采取所有努力来保护和保存有影响的或相关的考古学信息。

9. 对现有建筑进行改变和增建的当代设计若没有损害重要的历史、建筑或文化特征则不应禁止，这种设计要与建筑、邻里或环境的大小、尺度、色彩、材料和特性相称。

10. 在可能的情况下，对结构新的增建和改变应当在这种方式下进行，即在将来若把这些增建或改变去除，那么原有结构的基本形式和完整性不受损害。

图7.1
历史建筑的室内设计标准。

标准表面上很简明，但还有其他指导方针来补充，有附加条款并指明在特定情况下运用的方式。振兴标准与税额减免制度相结合使得控制方法相当严格，如要更换的窗户细部（见 Yeomans，1994）。这些标准和方针非常严苛但展示出一种特定的原则，以在多数情况下各方面可以达成一致。其政策是要求其变化应当清晰明确以避免出现任何"伪造历史"的迹象。然而，对一些条款的细节存在着争论，其中第3点与第9点是一般认为最有争议的（见 Yeomans，1994；Gleye，1988）。

在英国，对列入保护名录的建筑所作的大多数改变都需要得到政府有关部门的同意。在申请规划许可时，一座建筑在保护区内的区位通常是物质环境考虑的一个方面。许多地方规划部门都设有保护区咨询小组作为保护区的顾问机构。此外，作为一种较好的操作方式，许多地方规划部门还与地方文化社团协商解决相关问题，例如维多利亚社团等。在国家层面上，皇家艺术委员会和英国遗产署等均可对规划提出抗辩。然而许多小规模的变化被视为是"允许的开发"并因而逃避了详细规划的控制。得到环境部长的批准，地方规划部门能够取消房产业主在保护区内已获得的开发权，所以相对较小的开发通常不需要正式的规划同意，可以在规划控制之下进行，因此增加了规划控制下活动和变化的范围。

过度控制通常是存在的，总是有人抱怨对其活动苛刻的非难与限制。不过对"现行的保护规划将阻碍目前所保护的大部分历史建筑的再生"的批评是有根据的。罗杰斯（Rogers，1988，p.875）指出：保护主义者的观点在当代如此盛行，这令人不安。在威尼斯，拒绝给予建在圣马克教堂旁边的雄伟建筑以规划许可也许理所当然，理由是它们的建造毁坏了原有的建筑坏境。但我们也可以设想，如果过去有保护区的概念，也许就不会出现巴洛克式的罗马或豪斯曼（Haussmann）的巴黎。不过认为规划的惟一选择就是进行完全控制或不控制也是纯属误导。控制与自由不是孤立存在的：二者之间有着长期的辩证关系。关键问题是允许变化的程度和规模以及与街区历史特征相关的控制方法。在这些街区对变化的控制需要有一个协商的过程才能达成共识，因为人们通常会有不同的价值观，对历史产物的保存与保护不可避免地涉及到一个协商和决策过程。必须在不同价值观的竞争中判断或选择，正如休·卡森爵士（Sir Hugh Casson，1984，p.ix）所言："判断乃合理保护之本。"

城市历史街区的视觉延续性

城市历史街区的景观特征及物质空间的延续，是街区肌理以及"坚固"、持久和弹性等其他物质属性的具体表现。现代主义持有建筑具有短暂性的见解。其根源在于工业制造的潜在特点：建筑像机动车一样，是另一宗工业生产的产品，也有其内在的陈旧性，一旦它们直接的效用消失即遭废弃。不过，这种态度与传统建筑现场制造和现场确定的特点是相对立的。正是城市空间的相对持久性帮助传统建筑确立了作为有意义的场所的诸多品质。

A·罗西（Aldo Rossi）在《城市的建筑》（1966年，1982年）一书中把种种建筑形式元素形容为"病态的"，它们在先前的历史时期早已僵化并且阻碍了城市化进程："这样的一个老古董就像一具涂满防腐剂的尸体，仅有外表让人觉得还活着"（埃森曼 Eisenman，1982，p.6）。然而他也注意到，城市中的历史建筑形式要素不仅仅是病态的，它们也可能具有"推动性"的作用。"适合将过去带入现在并提供一种仍然能够体味得到的过去"（埃森曼 Eisenman，1982，p.6）。这些要素之所以残存到现在，多半是因为它们处于一个放任主义的时代，在对资产市场进行综合规划控制以及在政府的干涉影响到它们的继续存在之前。如伯克（Burke 1976，p.117）指出："直到最近几年，保护才被正式承认为国家政策的一部分。历史建筑及其空间布局源自过去，它们多因其自身的价值而幸存至今，并且主要因为它们还继续具有某种使用功能。"这种变化的弹性可能出自经济需要，同样也是某种美学和／或文化价值的一种表达，例如历史城市景观非常值得保留而不是拆除。

基础设施如街道和广场的形式，通常比建筑更富有弹性。同样，地籍单元本身及其地块的形态可能比单体建筑更持久。但是建筑，进一步说是它们的立面（由外立面界定的公共领域）提供了"场所"和"时间"感并确立街区的物质空间特征。由于立面保留的前提是保留街道和广场形式、地籍单元和历史平面布局等，因此立面是最重要的持久性层面。特殊的城市景观会保持一个相对稳定的连续性，然而，这些外立面后面的功能可能已彻底地改变了。通常一座建筑的物质形态会比它创建时的功能更持久。因此一座建筑最初的设计功能或目的并不是维持街区视觉特点的"约束"性因素。这暗示着在形式和功能之间有一种相对"松散的组合"，因此功能有可能独立于形式而变化。形式和功能的松散组合这一特点特别适合于仓库，通常还有办公建筑的改造。这是本书提及的大部分街区的主要建筑形式。19世纪的仓库很少需要高学术水平的修复，它们不仅便于功能转化，而且由于其区位优势，还提供一系列可能的新功能：居住、商业、零售、办公或工场以及工作室等。这种功能结构的灵活性与"宽松才能持久"的信念是一致的。

林奇描述了另一种极端的设计原则，即区别"内部和私有的"与"外部和公共的"领域。在那些"仅需保存和重建历史外壳的地方，不仅能容纳当前的和现行的功能，而且允许内部进行改造以适应新的功能。'外部'是公共的、历史的和受管制的，而'内部'是私有的、易变的和自由的"。虽然林奇的内部－外部，公共－私有二分法是一种便于操作的区分方法，但它因过于简单而应当有所限制。它们之间有一种对应关系，因为室内的视觉效果能传达到外部。林奇继而指出，在修复和改造伦敦摄政公园（Regent Park）周围的纳什台地（Nash terraces）街区为现代办公区时，立面根据原有设计重建，同时还需要足够多的传统的室内设计，这样从街上看去将有恰当的深度感。

城市历史街区的整治

关于历史建筑，费奇建议采用一种有用的分类方法："介入层面要依据递增激进化的规模"（图 7.2）[1]。"保护"和"修复"通常仅仅在处理具有特别意义及历

保存（preservation）
保持对象的自然现状，"不在它上面增添或减少任何东西"

修复（restoration）
将对象恢复到其形态发展过程的某种早期阶段的物质状态

翻新（保护和调整）（refurbishment）
对建筑的实际状态实施改善以保证其结构和空间的正常使用

重新组建（reconstitution）
在原址或新址以原有构件将一座建筑一点点地重新装配起来

转化（适用性再利用）（adaptive use）
赋予一座建筑以一种新的功能

重建（reconstruction）
在原址上重建已消失的建筑

复制（replication）
建造一座已有建筑的精确复制品

图 7.2
对历史建筑的介入程度（Fitch 改编，1990 年，括号内为原词）。

---

1 条款的准确性是很重要的，有时若用词互换可能会造成含义的混乱。本书为清晰起见，将费奇所改正的一些条款其原文用括号标出。

史价值的建筑时才有较大的重要性。本书所考虑的实例中大多数建筑都没有进入这类范畴。"重建"与"复制"出现在本书所考虑的一些实例中，但是这类方式除了某些非常特殊的情况下很少令人满意。书中使用"整治"一词作为包括"修复"、"翻新"和"转化"等方法的统称。整治不仅包括那些引人注目的案例，它们大多需要一定的内部和外部改建，还要使建筑满足当前使用者的期望，例如在安全和舒适度等方面。林奇甚至还提出建筑美学完整性的问题："尽管在慎重的条件下，当前的功利在多大程度上打破了历史完整性的感觉？"

整治有不同的层次和程度。阿普尔亚德探讨了"表面"和"深度"的整治问题。他认为深层或"本质上"的整治同时包括对建筑内部和外部的整治，这表现出一个极端纯粹主义者对建筑美学和建筑完整性的关心。也就是说，深度整治还必须保留建筑的原有功能，所以它实际上是一种"翻新"。这种本质上的深度整治可能是值得期许的，这样既保持了街区空间和功能特点又维持建筑的原有完整性，但在很多情况下这是很困难的，特别在现有功能没有足够的引力获得建筑综合翻新所需资金的情况下。

相比而言，立面整治主要关心建筑的外表及其对街区景观的贡献，所以，立面整治也是一种"景观"整治（只是翻新建筑的外壳）或者是一种"再利用"。阿普尔亚德将它贬斥为"剥肠去肚"。有一种不同于建筑立面翻新或修复的做法，即对原有建筑功能加以转化，这样拥有新功能的建筑就能避免原有功能过时的困扰。功能转化是比翻新和修复更大程度的变化。但这种变化的能力受许多因素的制约：现有建筑结构和空间形态的因素、建筑特征以及对特殊历史建筑所允许的变化所进行的控制、规划政策、改变功能带来的环境影响，尤其在交通和管理方面、市场的接纳能力以及功能改变后可能的使用者和投资者，等等。

在原有建筑中增加不同的新功能可能会产生一系列的影响。在考虑这种功能转化时，由于变化程度的不同，以及对原有建筑完整性及其特征的尊重，不可避免地存在着各种冲突与妥协。就可能的变化程度而言，洛温塔尔认为，"如果所保存的对象已经贬值或已经难以识别，那么这种历史也就没有必要去'挽救'了。"所以，忠实历史的程度必须以可行性来衡量。

美学完整性和立面问题

在讨论一座历史建筑的任何变化时，对所建议的整治要忠实于历史结构和肌理的美学完整性等方面存在着长期的争论。评判的困境甚至会表现在小小的建筑修复上：修复应该不露痕迹，就像没出过问题一样，是新的部分就应该明显地表现出来，使新与旧可以很容易地区分开来。在许多实例中，因为大多数老的城市空间是不断地再利用后的结果，原有建筑的理想化的纯净性和完整性可能早已受到损害。因此整治经常面临的问题，是在诸多的过去中选择哪些部分予以修复。波士顿昆西市场的建筑整治就属于这种情况（图7.3）。开发商和建筑师都想保留那种在20世纪业已多次改变的空间结构，把它们作为建筑有机发展的例子。而其他一些人则提倡将外部复原成1826年的屋顶轮廓和花岗石的立面，使它们与建筑师最初的设计一致起来。当建筑在20世纪70年代进行改造时，人们剔除掉150年间所添加和改变的部分，使大部分建筑回复到最初的历史状态。巴尼特对此评论道："若这是一个成功的再利用的实例，就没必要是一个很好的历史保护的例子。为了把老市场转变为一个现代的零售和饮食服务环境，汤姆森（Thompson）的设计和罗斯（Rouse）公司的管理改变了建筑的特点。"对考文特广场的建筑改造也招致了同样的批评："修复的程度和质量……使它失去了作为一个市场的视觉效果。建筑上的那些磨损和铜锈与这个具有

图7.3
波士顿昆西市场。对这些建筑的更新改造引起一场争论，即是保留它在20世纪的空间状况还是恢复到1826年最初设计的外表。

历史意义的市场息息相关，当把它们彻底地清除而使这里变成一个非同寻常的幽雅的购物中心时，一切都令人迷惑不解"（Hareven and Langenbach，1981，p.121）。

　　如前所述，立面几乎决定了街区特点和视觉连续性。不过孤立地关心建筑的立面可能会把对保护的关注减少到仅对城镇景观感兴趣上。仅仅保留外墙的立面主义代表了一种控制历史建筑改变的最为极端的方式（图7.4）。因此它应受到特别的注意。立面主义的两个原则是相互矛盾的。第一个具有实用主义和保护主义

图7.4

曼彻斯特市英格拉姆街保留的立面。仅仅保留外墙的立面主义代表了一种控制历史建筑改变的最为极端的方式。不过，它也可能是保留历史街道景观的一种有效的方法。

倾向：对街道立面的保存是最重要的，而且建筑的主要保护价值在于它对城镇景观的贡献。第二个则更为建筑化和纯粹化：建筑最初设计为一个美学的"整体"，除非整体受到损坏，否则它不能被人为分割成室内和室外。在后一种情况下，立面主义可能会涉及到两种不同的情况。第一，一座新建筑建在一个保留的历史立面之后；第二，对于任何新建筑，如果存在功能和构造上的"不真实"："室内外之间的风格与形式就会缺乏概念上的整体性"（Richards，1994年，p.20）。因为被认为缺乏"整体性"和"完整性"，这种建筑通常不会赢得现代建筑界太多的尊重。对建筑完整性的批评可追根溯源至约翰·拉斯金（John Ruskin）的《真理之灯》（Lamp of Truth）："值得赞美的建筑是结构忠实于外表的建筑"（Scruton，1979年）。立面主义的做法因其阻碍新建筑风格的发展而招致批评，它弱化了建筑设计的意义，仅追求二维的立面，"把城镇景观当作舞台布景一样来设计"（Richards，1994年，p.2）。

立面主义的辩解在于，它是城市保护的一种有效方法，它能够保留人们熟悉的历史街道景观或城市空间片段（Richards，1994年，p.2）。由于许多建筑仅剩下一个实用的室内空间，立面主义允许在其中设置现代化的、舒适性与方便性一应俱全的各种设备（Richards，1994年，p.2）。立面主义承认历史建筑的功能过时，由此对建筑形成了事实上的破坏，但同时尊重它对历史街道景观的连续性的贡献。它还允许当代建筑师在历史立面的后面设计令人兴奋的新空间，例如商业城的意大利会馆（Italian House）（图7.5和图7.6）。从外表看，仅保留立面的做法和那种综合性的再利用的做法之间只有细微的不同。

有关对建筑保护的真实性问题的争论在很大程度上是枯燥和学究式的。只有在关注真正有建筑特点或重要历史价值的建筑时，它才会引起争论。问题源于将一个普遍适宜的美学原则（建筑室内外概念上的整体性）变成为一种教条。然而布罗林（Brolin，1980，pp.5~6）宣称："把室内功能'真实地'表现在外部，并不会对名誉或者更高的道德规范起什么作用。这是一种现代主义的道德成见，认为它没有建筑室外和建筑文脉间的视觉关系更重要。"因此，在对建筑的大部分进行更新方面很少有什么道德公正的余地。同样，泛泛地指定历史建筑允许变化的最大程度也是不可能的。约翰·拉斯金据理反对任何变化："我们没有任何权利损害它们，它们不是我们的。它们部分属于那些建造者，部分属于那些紧随其后世世代代的人们"。在更新方面追求过分精致和纯净是容易的。但它需要一些灵活性——甚至是方便——因为使建筑有效地得到利用通常是保护它们的最好的方法。在大多数实例中，重要的是建筑的内在特点——不论它是什么——都应受到尊重。例如将工业建筑转化为居住

图 7.5
商业城中的意大利会馆。

功能时，重要的是避免将它们"过分家居化"，从而割裂它们与自身历史的联系
(Cunnington，1988，p.122)。皮尔斯指出："一个仓库应该保留一些它粗糙的'仓库
感'"。这是很重要的。如果这一点没有了，街区就像经过清洗一样，其所固有的特
点就消失了。

上面所讨论的许多问题在格拉斯哥商业城和伦敦沙德·泰晤士街区的建筑整治
中都曾清晰地表现出来。商业城的 Houndsditch 是一座建在历史立面之后的新建筑。

图 7.6
商业城中意大利会馆的内部和外部。如同这个例子所表明的，立面主义允许当代建筑师在历史上重要的立面之后设计令人兴奋的空间。

当时约翰逊认为，将该建筑转化为居住功能，惟一可行的方式是在保留的石头立面之后进行拆除和重建。现存建筑的三层顶棚都非常高，这并不适合居住功能所要求的相对较小的空间。此外由于担心影响建筑的视觉特征，建筑师不愿让新增加的楼层横穿高大的窗户。最终采取的解决办法就是在原来的立面之后建一座新建筑。前面仍然是3层的立面，但是其中的两层带有插入的夹层卧室，这样既利用了原有窗户的高度又没有使新增的楼板穿过窗户（图7.7和图7.8）。

图 7.7
保留的 Houndsditch 建筑立面。立面在转角交汇，标志物仅有一座斜置的塔楼。

同样，在格拉斯哥商业城英格拉姆广场的开发中，威尔逊（Wilson）和
Candleriggs街转角的一座建筑以及 Brunswick街立面中心的一座建筑是最早被转化
为公寓的两座建筑。建筑师旨在通过色彩和增建顶楼来改变建筑的外部特点和建筑
形象。Nova建筑顶层添加了轻质的在视觉上不过分突出的钢架斜屋顶，在西面末端

图 7.8
Houndsditch 建筑的背立面，与正面形成鲜明对比。

带有一个小的露台象征着功能的变化。在商业城内，有一种尝试就是把建筑的底层作为非居住功能。在城市环境中人们通常不想要街道层的公寓。但是地面层和更低的楼层用作停车会使街道失去活力。所以通常需要在建筑中加入一些多功能元素，不管它是设在低层的商店还是小办公室。

　　正如前面的章节所述，沙德·泰晤士街区是一个以住宅为先导的振兴实例。该街区在现有功能不受影响的情况下能够容纳新的居住功能。新康科迪亚码头（Concordia Wharf）是该街区最早经改造用于居住功能的仓库，它建立了"一套后来的建筑师可资遵循的审美和技术标准"（Edwards，1992，p.96）（图 7.9）。建

图 7.9

沙德·泰晤士街区的新康科迪亚码头。它的一个山墙面朝向泰晤士河，而一个很长的侧翼面向圣基督港 (St Saviour's Dock)。旧时的码头起重机仍然保留着，其他工业特征也精心地加以维修或根据维多利亚时代的照片进行复制。这些特征保留了工业时代码头区的记忆。矗立新康科迪亚码头旁的是中国码头，一座新建的多功能公寓及办公建筑。采用了多种手法和参照，尽管并不易于识别，它仍然与沙德·泰晤士"白盒子"式的现代派建筑形成了鲜明对比。对它而言，与之并置比连续性更为重要。

筑保持着典型的维多利亚式仓库风格，有外部的承重砖墙体系、各种拱形的窗户、木质镂空隔板等风格鲜明的地方性建筑元素。而在建筑临水的立面，在曾经为仓库大门的地方插入了阳台。这些并不是为了视觉上的刺激，而是对原来开窗方式

图 7.10
沙德·泰晤士街区的啤酒厂埠头。这座建筑现有的表现手法显示了在不牺牲其原有
特征的情况下有可能将其转化为居住功能。

的尊重，建筑师在视线所及预期有更大视觉复杂性的地方加入了细节。栏杆的细
部也为立面增加了相当的视觉分量。商业压力确实迫使开发商调整屋顶轮廓线，
新插建了一层后退式的楼层，增加了温室。尽管对历史建筑立面的保护是最重要

的，原有屋顶景观的保留也很重要，尤其是保留从公共空间能看到的屋顶部分。屋顶上部扩建增加了额外的楼层，通常对立面的比例和均衡有些不利的改变。开发商经常想通过屋顶上的扩建来获得额外的空间，或者削减现有坡屋顶轮廓而创建屋顶平台。因为它们会与栏杆、临时的遮阳物和遮阳伞等联系在一起，而这种变化不可避免地显现出居住功能，除非小心处理，否则可能会损害这个地区和建筑的视觉特征。

重要的巴特勒仓库建筑是一个立面主义手法的实例（图5.13）。它在1873年建成时是泰晤士河上最大的码头。20世纪80年代中期它转化为98套公寓。朝向公共空间的前后墙体保留下来并进行了谨慎地修复。沿河立面采用了大胆的建筑处理，有着突起的尖顶、带有乡村风格的隅石、厚实的底座飞檐和山花墙。原先是卸载货物大门的地方增建了阳台以显示其居住功能，但这并未减损建筑的宏伟性或纪念性。为能加建一个新的屋顶楼层和开辟地下停车场，在现有建筑的砖骨架中插建了一个新的混凝土框架。它的后面，沿着沙德·泰晤士街区修复了铸铁桥梁。尽管商店和餐厅活跃了街道的景象，但是必须组织新的出入口才能适应它们的要求。这些新入口的细部是黄色砖块和工程砖涂料，与建筑很和谐。然而爱德华兹（Edwards）对整治结果持批评态度："在改造过程中人们不禁感到它们被过分消毒了，或者至少随意赋予住宅以太好的品位"。巴特勒仓库并不是对一组建筑进行保护，而是使它们恢复到理想和方便的原有状态。在巴特勒仓库附近，以前的啤酒厂埠头（Anchor Brewery）被改造为一组包括62套公寓、办公空间和一个健康俱乐部在内的综合体。这组建筑现有的表现手法显示在不牺牲其原有特征的情况下有可能将其转化为居住功能（图7.10）。

将建筑转变为居住功能的主要挑战之一是需要提供停车场地。一些新的居住街区，例如纽约的苏荷，汽车拥有率非常低。规划部门可能会放松最低的设置要求，但开发商认为停车空间在销售房产时是必需的。一个解决办法是在建筑下面插建地下停车场，这种方法在巴黎的马赖街区整治中曾普遍使用。不过，它通常较为昂贵而且可能在技术上也不允许。在格拉斯哥商业城街区，原先为鼓励用地向居住功能转化而放宽了停车位的设置标准，实际上许多早期的规划都不能提供足够的停车场。以至现在不靠街面的停车场十分匮乏，而街区内的街道停车也是一个大问题。可以认为，为居民提供集中的停车设施，应该是街区为支持居住功能发展所进行的公共基础设施建设的一部分。在费城，为在老城街区修建更多的停车场而发起了一次重要的公众活动，以改善基础设施从而支持居住功能的提高。

城市历史街区中的新开发

当选择改善街区现有的历史肌理时,就不可避免地在城市历史街区中进行新的开发;尤其是当建筑变得已在物质和结构上过时的情况下。这时通常会(但不总是)进行插建式开发。毫无疑问,城市历史街区的建筑和城市空间设计并不是在未开发地区或一处白板上进行的。麦科马克认为,更为普遍的情况是,"设计不能将自身与语汇及惯例隔离开来,因为它们根植于自身的思维过程中。很可能根本就没有白板的存在"。在这些地区,所有的设计介入都必须回应(或简单地忽视)现有文脉。设计不可能保持中立立场。这种设计实际上可能更简单:"设计者意识到,有一些约束比完全放开的情况下更容易设计……。用地特征限制了可能的解决方法,并因此减轻了设计研究的苦恼。"

当需要拆除时,新的开发应更好地尊重、补充并提高城市形象、建筑特征或街区的个性。目的是达到一种与现有文脉相"和谐"的关系。所以在城市历史街区中进行新的开发,其依据来自对街区独特美学价值,包括空间和建筑两方面的尊重和敏感性。在需要进行设计方案审议的地方,存在两个不同的层面:首先是总的开发量和城市的形式。有可能把它视为街区形态或空间的特征。每个有特色的街区都是一种城镇景观,是由建筑所围合的空间,而不是随意将建筑摆放在其中。第二,在所拟开发的街区,其立面限定并围合城市外部空间和公共领域。这应视为街区的建筑特点,故需关注建筑立面以及建筑之间的关联性。本章后面将要讨论到,对这个问题有多种处理方式。至少有三种不同的途径,它们是文脉统合、文脉连续性和文脉并置性。

尊重城市历史街区的空间特征

正如在第三章中所讨论的,大多数当代或后现代的城市设计都传达出一种历史感和地方传统。鉴于上个世纪灾难性的后果,在城市历史街区内从事新的开发,其城市形式的处理方法应该是一种修复的方法。这种方法优先处理建筑红线和街道立面的延续性,目的是增加街道容量和围合感。如果没有积极的空间设计,一般很难把建筑当作雕塑或空间中的物体进行设计(即建筑作为一个自参照物)。仅有的例外是在对街道立面采用浅的浮雕式处理尚未破坏街道界面及街道容量的地方。适合大型雕刻或地标建筑的地方,是一个对于城镇景观的识别性十分重要的节点,例如街道的转角,或一个特别的视线或远景的终点。地标的品质可以通过天际线的设计来加强。这是城市历史街区中城市设计的基本方针。在BUDS对珠宝街区的研究中，应用了这种城市修复的方法，强调尊重街道界面的延续性、肌理和街道空间形式（图3.6）。

在任何有可能保存城市历史空间及其形式完整性的地方保持现有建筑，新的开发通常应保持原有建筑总量、形式以及用地的"覆盖率"。在平面和剖面上，图底关系是研究这一问题的有用工具。它不需要盲目的遵从，仅需尊重空间特征及其精神。理查德（Richard MacCormac）把这种方法比作修理旧地毯上的破洞，让它看不出修理的痕迹并形成新的整体。在这方面，还应当反对将单一的小街区合并起来，这样会使街区的肌理变得粗糙。就城市街区的规模来说，简·雅各布斯和莱昂·克里尔（Leon Krier, 1984）都偏爱较为雅致的小街区。

若论与现有文脉取得一种和谐的关系，那么建筑的规模和尺度都比它特有的建筑语言更为重要："风格，不论它有无时代装饰，没有什么结果算是适合或不适合建筑的体量和肌理"（Pearce, 1989 年, p.166）。它提出再开发过程中适当尺度的问题：是否保留已拆除建筑的尺度或者与现有建筑的尺度呼应。

格拉斯哥的商业城街区混杂着6、7层的仓库和3、4层的居住建筑。如果拆除低层建筑，那么新开发的适当尺度应当是什么？在英格拉姆广场开发中，Brunswick街和Wilson街拐角处新建筑的设计就有两种选择（见图7.12）：或者尊重Brunswick街的现有尺度（大部分是原来的3~4层建筑），或者是认可南边20世纪30年代的仓库的高度。开发商当然通常喜欢较大的建筑。转角建筑最后选择的仓库的高度达到8层，沿Wilson街建筑高度逐渐降到5层。建筑高度与南边的仓库持平是为了与东面Wilson街的轮廓保持协调，不过，Brunswick街的新建筑与毗邻建筑之间尺度的变化非常突然，所以不太成功。

为了准确地评价和确定一个历史街区的空间特征，需要审慎地观察和研究。各个街区空间围合的做法与特点是不相同的。本书中的美国实例是典型的网格规划（grid layout）形式，建筑的整体（en masse）品质创造了城镇景观而不是空间质量本身。在不规则的设计中，如沙德·泰晤士街区，如画般的品质主要来源于其空间特征。不过，在有些情况下一个街区的空间和建筑特征令人难忘地融为一体，如莱斯市场的百老汇街（图7.11）。

格拉斯哥的商业城也是网格式布局，但其网格是平行的。所以尽端街景和强有力的空间控制感形成了很重要的城镇景观品质。像Trades住宅和Hutcheson医院这样的重要建筑和节点设计就是想突出正立面的表现力（图5.9）。在这种情况下，并不会强调建筑的转角，因为这将产生对抗性的斜角重心。在对格拉斯哥商业城的一

图 7.11
尽管百老汇与莱斯市场占主导地位的平直而狭窄的"街巷"形成对比，
它构成一种宏大的建筑和城市空间的融合。但拙劣的设计和已完成的
路面设计削弱了其效果。

项空间分析中，沃尔克写道，"转角单元很明显地是立面和山墙或立面和立面的结合体。或者更准确地说，是采用并置手法使交接处保持直线的空间组合，这样胜过采用三维雕刻的方式以回应斜向的景观"。

　　不过新开发的城市形式并不总是尊重格拉斯哥商业城的空间特点，如英格拉姆广场开发中 Brunswick 和 Wilson 街交接处的地标建筑（图 7.12）。这座建筑的角部有一个突出的圆形塔楼耸立在建筑之上，顶部是一个玻璃圆桶。塔式元素强调了对

图 7.12
英格拉姆广场的开发中在 Brunswick 和 Wilson 街转角处的新建筑元素，它总
的来说是一个较好处理文脉连续性的例子。不过它所引入的塔楼造型产生了一
种对斜角的强调，而这在商业城空间中是陌生的，新建筑与 Brunswick 街周围
建筑尺度间的变化相当突兀。

角构图，而这在商业城是个异类。商业城其他的角部处理，像 Houndsditch（图 7.7）
和 Nova 建筑，则相对简单而克制，不同体部"在交叉点'结合'而不是'张扬'"
（Johnson，1989，p.48）。另外，如约翰逊所描述的，从西面看过去，塔上的窗户产
生纤巧脆弱而细长的垂直尺度，"与郡法院（Sheriff Court）破旧但庄严的南方爱奥
尼克柱廊之间形成一种不愉快的关系"。通过转角塔楼造型的运用，这座地标建筑

引入了一种建筑传统,这种传统在格拉斯哥其他地方很普遍,但不幸的是在商业城这个特殊条件下是陌生的。

通过整个地区的改善,街区的空间特征能够得到强化。空间特征的一个重要构成要素是建筑底层的景观设计,包括建筑间的空间和空间中的三维物体(如街道设施等)。建筑之间高质量且状态良好的空间也能够产生积极的作用,并提高周边建筑的经济价值。前面曾经记述了西雅图先驱广场(第三章)和丹佛 LoDo 街区(第六章)一些底层景观的改善。许多城市的历史街区已制定了改善步行舒适性的规划,如街道闭合、设置交通障碍物及加宽人行道等。如这些规划能表现出人们实际利用城市公共空间的认识和感受就更好。商业城目前正实行的环境改善规划是格拉斯哥《公共领域策略》的一部分。

尊重城市历史街区的建筑特点

创建尊重街区空间特点的新形式和体量,限定那些空间的墙体必须在建筑上清晰地表达出来。如前所述,城市历史街区难得有那种高大雕塑与建筑并存的场合,所以首要问题是立面的设计。总的来说,垂直和水平的韵律、建筑立面上虚实的排列与形式、砖石和玻璃等比建筑风格的精致细节更为重要。为了保持街区的肌理和尺度,应该抵制将历史地段合并起来。如果做不到或用地已集结为较大的地块时,在立面设计时应该尊重历史街坊的尺度,确保街区的一致性。再加上材料运用前后一致,这种形式和韵律对延续街区的建筑特征有很大贡献。

然而一个相关问题是,街区内部是否有什么可以识别的建筑一致性或同质性。一些街区相对拥有这种品性,是因为有一个集中的建设期、类似的建筑的功能要求,或受地方可利用材料的限制,例如在莱斯市场或布拉德福德的小德国街区。或因为某种特殊构造方法的广泛使用,如纽约苏荷街区的铸铁装饰的建筑。传统建造方法和材料的限制通常导致一个街区内的尺度相对一致。不过自从19世纪街区建成以后,建筑材料和建造方法已经在技术上产生了很大的变化。因此创造现有或者历史建筑传统的情况很可能已经改变了。例如,莱斯市场已经不再是一个19世纪的花边制造区,当代的设计师不会受那时的建造技术和材料的约束和限制,也无需恢复原有物质景观。当然,他们可以选择对历史做出回应的方式。因此问题就是控制以及设计师选择模仿、诠释或忽视历史建筑传统的程度如何。

尽管在其他方面是独特的，一些街区并不具有一种可以回应的前后一致的建筑特点。另外，因为品质低劣的开发项目，街区原有的一致性已经丧失或最终削弱了，伯明翰的珠宝街区或曼彻斯特的卡斯菲尔德街区就是如此。街区特有的建筑一致性及其特征的强度是形成适当的设计回应的决定性因素。

实现文脉和谐

在城市历史街区中，所有新开发项目所追求的主要设计品质是"和谐"，即创造"一种视觉上统一的"，但并不一定同质的城镇景观。理查德·罗杰斯不同意那种文脉和谐只能通过模仿周围风格的观点，他认为，这种和谐能通过几种方式实现。他确认了两种获得文脉和谐的方法：其一是文脉统合，其二是文脉并置，这种并置概念延续了现代主义者的设计观念。还有第三种方法，即文脉连续或传统转型/演变，这与某种后现代的城市设计观点是一致的。现在将对这些方法作些探讨。

文脉统合

保持文脉统合即意味着复制或者模仿周围的风格，本书所提到的城市街区中大量存在着采用文脉统合方法的实例。其中之一是位于诺丁汉莱斯市场中心地带的多层停车场（图7.13）。这种方法也不是没有非议。刘易斯·芒福德（Lewis Mumford 1938）在《城市文化》一书中告诫说，"仅仅重复过去的某一特点会形成乏味的将来"。因为对街区建筑特点的直接模仿，就是力求保护曾经存在过的，而不是可能存在的东西，这会使它试图保留的品质淡化和削弱。同样，弗里曼（Freeman，1976，p.115）也认为，尽管历史街区需要保持其连续性，但"复制过去就等于自动放弃了通过审慎而高品质的新的设计而提高街区价值的可能性……如果复制品品质不佳，它将损害用地周围的空间结构"。

保持文脉统合的做法还可能堕落成为一种肤浅而没有前途的"赝品"，是一种对传统过于表面化的复制。仿制品将风格和空间结构分离开来，使建筑缺少建筑意义上的"整体性"。休伊森说："仿制品在情感上对应的是怀旧感，它蓄意伪造真实的记忆以提高其自身的形象。它是一种奇怪而软弱的情感、一种甜蜜的忧伤，它受制于对所回忆对象的无法复原的认识，其实这种复原本来就是不可能的"。这种设计"模糊了真实和虚假历史之间的界限，使人在歪曲的文脉中欣赏

图 7.13

莱斯市场贝克门大街上的多层停车楼。停车楼的设计尊重了维多利亚时代莱斯市场的尺度和体量，比该地区 1945 年以后的开发项目要好得多。不过，在复制维多利亚时代莱斯市场建筑所具有的深度和细节方面它是失败的，因而弱化了街区的历史特征。其中部分问题是因为窗户退后的细节设计缺少必要的视觉深度。在功能方面，停车楼位于街区核心位置，尽管很方便，但对街道生活和街区活力却鲜有贡献。

和理解真实"（Hareven 和 Langenbach，1981，p.121）。詹姆森（Jameson，自 Hewison，1987，p.134）谴责这种仿制品"是用陈腐的语言演讲……，仿制品是……十足拙劣的赝品"。

文脉并置

罗杰斯认为和谐的秩序来源于"不同时代建筑的并置，其中每一个都是自身时代的表达"。罗杰斯用这一理由为插建的蓬皮杜中心（the Pompidou Center，它紧邻巴黎的 Marais 历史街区）和伦敦城里的劳埃德大厦（the Lloyds Building）辩护。为了进一步阐明他的观点，罗杰斯（同上）多次引用了威尼斯圣马可广场的例子：在那里，"人们的远见使得他们敢于把一座新的高品质的建筑放在一座已臻完美的建筑旁，并因此完全改变了本已完善的空间文脉"。科尔布指出，这不是粗心或者偶然的并置："那些建造圣马可广场周边新建筑的人着眼于新的整体性。他们不去建造那种忽略文脉的纪念品或自大狂想的其他什么东西"。这种文脉并置的观念与现代主义者的思想和时代精神的挑战相一致。如前所述，现代主义者认为，作为一种技术进步的结果，未来总是意味着与传统的根本决裂。

沙德·泰晤士街区包括几个在插建开发设计中采用文脉并置的实例。设计在很大程度上尊重好的城市文脉，新建筑有其自身的美学完整性，充分表现时代精神，对周围的地方文脉并不做出风格上的让步。这些新建筑提升了沙德·泰晤士街区的品质并发展了一种新的特点。正如爱德华兹所说，"老的和新的建筑在愉快的和谐中并肩矗立"。

与建筑原先的立面不同，设计博物馆与丁香大厦（the Clove Building）那种白色现代派的立方体是对 19 世纪中叶混凝土框架仓库再利用的佳例。前一个例子对原有结构很好地进行了掩饰，而后一个则把结构表达了出来。"设计博物馆以一种清新的现代派风格与南泰晤士河其他质朴的仓库建筑形成鲜明对比。它闪亮而雪白的阶梯状立方体，为国际风格的发展提供了直接的参照"。丁香大厦由另一座 19 世纪中叶混凝土框架仓库改造而成，目前是一栋白色现代主义风格的公寓（图 7.14）。相形之下，萨夫伦码头（Saffron Wharf）则表现出一种新的建筑体系，它面对沙德·泰晤士街区和圣基督港（图 7.12）。建筑圆润而含蓄，如斯莱瑟（Slessor）所说："它的吸引力更多地来自于在早期砖砌仓库群中突然出现一个泰然而圆滑的立方体时所感受到的震撼"。沙德·泰晤士 22 号的大卫·梅勒（David Mellor）大楼使用原材料给建筑以"一种精致锐利的另类工业感，使人联想到它与基于手工的传统机械方法存在一种紧密的内在联系，而与许多当代建筑那种肤浅的表皮处理相去甚远"（图 7.14）。

另外，面对四座白色立方体及混凝土建筑，霍斯利道（Horsleydown）广场以色彩的运用达到文脉并置的目的。与设计博物馆周围的白色立方体相比，这种做法与地方文脉产生出更大的关联性，建筑在视觉上更加纤巧轻盈并与巴特勒仓库沉重庄

图 7.14

萨夫伦码头，沙德·泰晤士 22 号的大卫·梅勒大楼和背面的丁香大厦，它们位于沙德·泰晤士一角，与圣基督港平行。这些建筑与早期的砖砌仓库之间形成一种积极的文脉并置关系，强化了沙德·泰晤士的固有特征并增加了一种新的要素。

严的风格形成鲜明对比。爱德华兹评论道："人们不打算在保护区内建造不引人注意的从属性建筑。这是独断、自信的城市建筑，它更多地出于虚张声势而不是理智的考虑"。这里所设置的各种公共广场和庭院改善了街区的公共空间，使远离河流的内陆区域增加了开放度和趣味性，与沙德·泰晤士街区狭窄的巷道形成对比（图7.15）。庭院组织起一系列效率很高的步行路线，环绕着大量的商店、办公和公寓。

图 7.15

霍斯利道广场群中的一个新广场，向沙德·泰晤士和老 Anchor Brewery 的后部开放。建筑有着流畅的曲面形，形成创造性围合的传统空间角色而不是成为空间中的物体。

　　沙德·泰晤士街区的历史特征相当强，因而使现代建筑能以特立独行的现代方式表现自身。爱德华兹指出："在以黄砖（至少清洗后是黄色的）立面为主的仓库区，工业机械时常悬挂在立面上，为新建筑提供了一种粗犷的空间架构……。这种城市填充建设的方法在巴斯（Bath）或威斯敏斯特（Westminster）是不合适的，但在这个硬朗而粗糙的历史码头区，却产生了具有广泛多样性和鲜明地方特色的环境"。重要的是，这种文脉并置强调了街区的建筑特征而非空间特征。惟一打破这个规律的是一座几乎濒临失败的建筑，即设计博物馆（图7.16）。爱德华兹说："设

图 7.16

沙德·泰晤士的设计博物馆。因为与河边固有的建筑界面不协调，它是沙德·泰晤士少数几个不尊重街区空间特点的建筑之一。当邻近的香料码头开发后（现在是一个地面临时停车场），设计博物馆的影响可能会不那么刺目了。

计博物馆没有参照周边的任何东西，它对沙德·泰晤士街区的历史成就视而不见，地处滨水地段却不尊重沿街界面，而且还摒弃了斜屋顶"。

　　明确沙德·泰晤士在美学方面的成功在多大程度依赖于较"宽松"的LDDC规划政策是很重要的。自从1981年LDDC开始工作以来，这个地区的城市化已经相当成熟，没有必要进一步编制城市设计导则。幸运的是，这个地区得到私人开发商的"怜悯"，并从"开明的"开发商那里获得利益。他们在这个地区拥有大量土地，因此迫使他们考虑其土地的综合价值，确保所有开发项目的质量。由于街区内存在相当数量的历史建筑，新的建筑不得不在它们的缝隙中发展，所以都保持很小的尺度，也因此在新老建筑之间形成了良好的平衡关系。然而，如果继续拆除老仓库，使新建筑的比例不断增长，这种平衡就可能难以维持。因此沙德·泰晤士面临的挑战是确保视觉特征的连续性，控制新旧建筑并置的关系，维持发展的活力，而不是使街区陷入视觉混乱。位于巴特勒仓库和设计博物馆之间的香料码头开发用地的设计将是整个街区的一个重要的转折点。

文脉延续性

与现代主义和过去彻底决裂的主张不同，有一种观点开创了一个新时代。它强调各个时代之间的连续性，而非不同。这可以概括为后现代观点的一个特征。当代城市设计注重城市或场所的历史延续性。在现代主义盛行时期，建筑变得国际化，不再局限于本地特有的材料和营造方法。现代主义赋予这种国际风格以一种优点：一切皆可采用相同的标准。与此相反，后现代主义允许并鼓励更多的宽容，对差异性和场所性给予尊重。保罗·波特盖西（Paulo Portoghesi）对后现代主义建筑的定义是，"任何破除现代主义对参照历史的禁忌，无论是讽刺性地自我陶醉或是坚持本地特色的建筑"（Kolb，1990，p.89）。从建筑角度看，这是注重先例和传统的合理化的设计方法。

还存在一种普遍性的倾向，反对乏味单调的现代主义国际风格的"白盒子"造型，以及标准化的工业生产制造出的外表肤浅的"方格纸"立面。于是，部分受到保护运动的影响，出现了一种在建筑上利用历史题材和更多装饰的大众需求，以（至少很浅薄地）使建筑更有趣味。巴尼特认为："作为现代主义的对立面，保护引发了对现代建筑基本理念的反思……，建筑师开始重新审视曾以高效和机械化生产的名义加以拒绝的装饰和精致。"因此，与现代主义有关建筑装饰的教条不同，后现代主义在形式和风格，以及关联性、装饰和修饰上允许更大的自由。

不过，模仿和隐喻历史的手法因其过于肤浅而被大加指斥："后现代主义和遗产保护产业是相互联系的，二者共谋在我们的现代生活与历史之间横插了一种肤浅的假象。它使我们缺少对历史的深入了解，相反我们看到的是一种当代的创作，比批评和评论更具世俗戏剧性，是过去的重演"。它可以解释为对已逝过去的简单重复。例如，维尔福特（Wilford 1984 年）认为，典型的或具代表性的模仿和隐喻历史的主张，是以一种信条或模式为出发点，只能进行重复，而不允许或鼓励发明和创造。然而，班纳吉与贝尔（Banerjee 和 Baer，1984）提出，环境设计天生是一个引用范例的过程："它倾向于以想像的模式或形式作为整体性的基础，而不是每次都对理论或经验进行重新研究而直接设计。因此，设计更多地是基于一种公认的风格主题，从这里寻求差异，而不是每一个设计都要从头开始，全部是独创性的想法"。

当然，先例或示范模式的运用需要长期地自我质疑和不间断的验证以保持正确性，因为这本身就是一种冒险，将不适当的过时的形态应用于新的项目。理查德·罗杰斯警告说："不仅是建筑行业，在所有领域，都普遍承认向过去学习是进步的方式的观点,历史是前进的发动机。但如果对历史内容缺乏认识而仅仅模仿其形式,实际上就贬低了历史真正的重要性"。同样,文丘里和麦科马克(Venturi 1977 年,p.13,MacCormac,1983b)都曾一针见血地引用过埃利奥特(T.S.Eliot)的名言:"假若传承传统的惟一形式就是盲目而谨小慎微地固守我们前人的习惯与成就,这样的'传统'肯定是应该加以制止的……(传统)的历史感不止使我们能够回味无法重现的往昔,还应感知到它的现在"。按照埃利奥特的观点,这种历史感促使一个作家或建筑师"最敏锐地感知到他所生活的场所,以及他自己的当代性"。文丘里反对现代建筑师们的偏执,他引述奥尔多·艾克(Aldo van eyck)的话说:"他们反复强调我们时代的不同,以至于对那些没有什么不同的、本质上相似的东西麻木了"。

因此,假如与传统文脉之间存在着一种积极的联系,那么一种传达用地文脉和历史的方法并不会必然导致模仿品的产生。传统文脉适合于诠释,而非模仿。麦科马克指出,"建筑应当……满足几个层面的认识,包括过去,所以应当将过去转化为现在的一部分而不是僵化地利用它"。文脉延续性要求对地方传统进行发展和变化。"历史是一种对过去的记录,传统意味着在传递过去的过程中一种更加积极的变化"(Middleton,1983,p.730)。麦科马克通过解释卡尔·波普(Karl Popper)的观点认为,新的或改变后的传统"从现有的传统中脱离出来……,通过渐进的而不是革命的过程,推动了建筑艺术的进步"。

格拉斯哥商业城街区包含了几个插建开发的案例,在设计中采用了文脉延续的手法。新开发项目是一些有品质的建筑,显示出对当地文脉和传统的充分尊重。商业城中最重要的建筑是英格拉姆广场,它是一组集历史建筑整治、立面主义保护和增加新建筑元素于一体的充满活力的混合物。虽然有一些瑕疵,但正如约翰逊所言,那座位于不伦瑞克大街和威尔逊街转角处的建筑,"精巧纯熟,以尺度、比例和体量认真地创造出一种新的城市文脉语言,而不是玩弄风格化的游戏"(图7.12)。在英格拉姆广场开发中有三幢新建筑,它们的立面从用地内现有的建筑上获得灵感。与之毗邻的诺瓦大厦(Nova Building)坐落于威尔逊大街和坎德勒里街(Candleriggs)之间,先前已转变为居住功能,它特别在街道层面上提供了一种设计模式,以两种特殊方式将新的小尺度住宅与历史仓库建筑联系起来。首先,通过把二层与地面层合并增加了底层的高度;再者,尽管因经济原因需要以砖建房,但建筑师调整了砖的尺度,调配了砂浆和砖的颜色,使墙面形成与周边砂石建筑同样质地的效果,从而达到景观的和谐。另外,将街角建筑也划分为几个体块,使它能被解读为多个独立的建筑,反应出威尔逊街那种零散的特性。

图 7.17
沙德·泰晤士圆环广场。利用斜角组织阳台和开窗方法，使之与地方原有的形式形成对比，丰富街区个性与特色。立面上的斜角创造出一种活力，明显有别于其他新建筑开发时对早期仓库模式的复制。

    这些新建筑在文脉上的成功在于它们遵循了传统城市的常规手法，譬如尺度和细部从底层到天际线的连续。立面清晰地分成三个部分：底层或较低层与公共空间相关联；在它上面，是正立面的主要部分；再往上是顶楼或屋面层。以水平线脚区分立面的不同部分，也便于使不同的部分采取不同的处理方法。设计还通过窗户间隔的变化调整建筑的虚实韵律。

　　在沙德·泰晤士，源于内陆用地（inland）的文脉提示和参照相当薄弱，几乎是从头建立起一种新的文脉和空间的可识别性。位于伊丽莎白皇后大街的圆环广场是一项异常庞大的开发项目，有近300套公寓，以及围绕一个戏剧中心的密集的临时办公室和商店设施（图7.17）。圆环空间本身是圆筒状的，它的内表面用明亮的蓝色釉面砖砌造，中心摆放了一尊拉车的健马雕塑。爱德华兹认为："在历经沙德·泰晤士的幽闭感和霍斯利道（Horsleydown）街区喧嚣的广场之后，这个圆形广场展现出一种戏剧性的虚拟感"。在材料和尺度方面，除了蓝色釉面砖之外，这个项目很轻松地与那些破旧、肮脏的仓库融为一体。不过，利用斜角组织阳台和开窗方法以及圆环的基地规划与本地的先例形成对比，增加了个性及特色。立面上斜角的动感及它所产生的活力明显有别于其他新建筑复制仓库模式的设计思路。这个开发项目通过这种反讽和幽默的手法而更加具有文脉的延续性。爱德华兹对此评论道："传统仓库的文脉并没有被机械地照搬，而是经过了重新诠释和变形。"

结语

　　对文脉统合（contextual unification）手法最严厉和最一针见血的批评是，街区的历史演化因此而停止并僵化在一个特定的历史时刻，街区的物质景观也就凝固起来了。新的建筑未能增加街区的价值，只是进一步削弱了它的历史特征。林奇尖锐地指出："成功的历史街区要引入新的因素，通过暗示和对比提升过去的价值，目的在于创造一种与时间长河越来越密不可分的环境，而不是一种永远不变的环境"。文脉并置和文脉延续的方法使林奇有关时间长河的观点成为可能。而文脉统合只能应用于当其他方法已被排除或不适用的情况下。

　　不过，如果缺乏整体上的妥善考虑，文脉并置的做法会产生破坏原有文脉的作品，因为新的项目需要一种与传统并置的新语汇。"新的城市主义不可能像在一个商业画廊中竞拍那样选择每一幢建筑。在沙德·泰晤士街区，正是大量普通的和经常规方法修复的建筑的存在，才使整个街区免遭个别拙劣作品的扼杀"。继续拆除沙德·泰晤士街区的历史仓库将削弱这种并置的影响。不过，极端的文脉并置只能偶然一用，因为它通过与一个相对同质的背景作对比才能产生效果。过大的差异将破坏地方文脉的连贯性。并置应突出街区的建筑特征而非它的空间特征，这一点也很重要。

　　文脉延续作为一种方法，在过度并置以至毁掉文脉的连续性与盲从一致使文脉凝固于一个特定历史时段这两种危险之间提供了一条中间道路。这三种方法并非相互独立,实际上它们是一个统一体,统合和并置分置两端,而延续性则处在中间。如沙德·泰晤士的几个开发项目就显示出一种延续和并置两者兼顾的方法(图7.9)。与商业城相比,这些开发还表现出对后现代游戏式反讽的热衷。其例证是在新旧之间形成了各种契合或对抗的对应关系。

建筑设计的控制措施

对城市历史街区的变化进行管理就需要有控制措施。为确保其有效性,要充分理解设计的"过程"和"结果",才能编制出建筑设计导则和控制措施。文脉统合、延续和并置是对设计过程不同结果的分类,因而,重点应放在原则上而不是细节规定上。在设计过程之前就确定相关设计条例并用以检查最后的设计结果,这样一般是较为令人满意的。而不应使这些条例成为对设计"结果"进行事后评判的一部分,使之脱离于诸如对地形和功能的考虑这些设计"过程"之外。这些设计条例可以是为整个街区也可以是分别为一小块一小块用地或一个一个街坊而制定的。当然,还需要明确审查方式以确保最终的设计是依据这些条例进行的。

从建筑的角度看,设计条例和导则倾向于在所有层面上强调文脉统合或延续的方法。因此,在这种条件下进行设计,需要以统合和延续的概念对现有文脉进行深入研究和分析,对形成地方建筑特征和传统的建筑主题、形式、韵律和语汇进行研究。意大利建筑师贾恩卡洛(Giancarlo De Carlo,自 MacCormac 1991,p.39)说:"在一个历史环境中作设计,建筑师要充分理解建筑的历史分层并尽力去理解每一层次的重要意义。然后才能加入一种新的元素。这不意味着必然会导致模仿,而是以积极的态度面对现实而不沉溺于过去。所创造的新的建筑形象既要真实,同时又要与现在的建筑形象形成良好的互补关系。"

设计导则和条例通常会确定优先考虑及可以忽略的因素,这样就限制了设计时进行选择的可能范围。如此一来,这些规定常常把平凡的和有灵感的思想都拒之门外。意大利的博洛尼亚就是一个典型的例子,因为相关条例规定得十分明确,所以对设计限制也就非常严格了。博洛尼亚1969年编制的城市规划是建立在对城市建筑及开放空间的长期而详尽的调查基础之上的。研究不仅显示出诸如功能、结构状况和建筑重要度等常规信息,还特别关注地方空间类型学的认知。实际上,这是对地方建筑句法的全面研究,即建筑形式和语汇的组织法则。坎塔库济诺和勃兰特对此评论道:"这项分析毫无疑义对博洛尼亚的建筑师大有裨益,它有助于防止某些离经叛道的失误。在威尼斯由于没有进行类似的研究，因而出现了这种问题。但另一方面，它也将建筑师束缚在根深蒂固的保护主义思考方式中……。通过把严谨的类型学研究上升为一种行动原则，通过坚持盲从的模仿和再造，博洛尼亚市政府拒绝建筑师在住宅上进行创造性的实验，以及对传统和现实需求作出自己的反应。"

总结

本章的目的并非指定历史街区中的设计方法。相反，与布罗林一样，我们试图说明"一种从整体上观察建筑文脉的方法，鼓励建筑师、规划师和企业家认真思考新增加的部分对周围环境的视觉影响"。无论设计导则和设计过程究竟如何，最终结果都需要一种个人的美学判断，看它是否与环境文脉相协调。其中并不存在什么神秘的因素，其实人们只要遵循一个适当的过程，就一定会创造出和谐的效果。科尔布描述了这样一种困境："我们关心如何将新建筑与其周围相关联，但我们不能依赖当地的某种神秘要素或某种统一精神。"在历史城市环境中的设计和开发所寻求的品质是尊重文脉。皮尔斯曾说过："在一个历史性地块中增加一座好的新建筑，需要使场所的特质与建筑师的才干互动起来。"不过，在城市设计的所有方面，都需要透过外在表现考虑场所的实际体验。场所具有美学和功能两种尺度，其中每一个都必须保持和谐。功能自身拥有物质、社会和经济的尺度。在不同的街区，设计的关键问题是："创建出何种类型的场所？"这种场所是一种物质的同时也是一种功能／社会的结构。这将是最后一章所要讨论的一个重要课题。

8

走向成功的历史街区的振兴

序言

本书已就城市历史街区的振兴进行了讨论。这些街区都具有重要的场所意义，即一种特殊的环境氛围，这来自它们的历史、建筑和城市景观。在过去的二三十年间，人们对这些地区内在品质的认识越来越深入。第三章中讨论了这种态度的变化，使它们变成一种富有魅力而稀缺的商品。事实上有些城市，比如萨克拉门托（Sacremento，美国加州首府），试图人为地虚构历史特色以吸引游客和投资。为避免大规模的拆除或逐渐的衰败与毁坏所带来的威胁，一些非正式的（通常是中产阶级的）压力集团发起一系列的运动，提高公众觉悟和意识，使这些历史地区得以保存下来。因此，与20世纪50至60年代经常发生的拆除和再开发等状况决然不同，许多城市历史街区现在重新焕发出活力，变成城市中十分活跃、充满动感和生机勃勃的地方（图8.1）。这些新的变化通常是由于获得了新的功能，例如居住、旅游和相关公共设施等，使历史街区再次成为一个个具有吸引力、富有魅力的适合于投资、生活、工作和娱乐的地区。

由多种目的驱动而将投资注入城市历史街区时，振兴过程就开始了。对城市所有的旧区来说，振兴都变成一种需要，而不仅限于那些有着更多历史特征和品质的地区。街区所具有的历史特征的真实性越强，其场所感越明显，它得到保护与振兴的可能性就越大。必须注意到，那些投资振兴历史场所的人的动机与那些最初把这些地区纳入公众视线的保护主义者们是不同的。这可能会在力求限制变化的保护要求与寻求适应经济发展的振兴要求之间引发冲突。

图 8.1
波士顿昆西市场。许多经过振兴的历史场所变成了活跃、充满活力和生机
勃勃的城市地段。

　　如在第四、五、六章的案例研究中所指出的，对于成功的街区振兴并没有普遍性
的标准，振兴方法必须基于地方的特殊条件。库特勒等人（Kotler et al. 1993，p.20）
认为："没有两个地区能够以同样的方式选择策略、利用资源、确定产业或实施计
划。场所因其历史、文化、政治、领导者及特殊的公私关系管理方式等而各不
相同"。弗里曼也指出：在波士顿商人学习英格兰和苏格兰的工场并把它们搬到美
国来180年之后，英国人却开始将罗维尔的振兴作为英国很多工业街区振兴的先
例，这颇具讽刺意味。尽管这个例子对英国和欧洲城市街区的振兴有许多可取之

处，但其中也有美国政治和经济体系的独特性。法尔克认为，与欧洲的情况相比，美国具有四个重要特征：地方政府有更大的独立性；商业团体和地方政府有更密切的关系；金融机构之间的竞争更激烈；以及更具刺激性的税制激励措施。此外，若不谨慎的话，还存在另一种危险性，即各种历史场所可能会变得十分相似并失去它们的个性。尽管看似矛盾，但城市历史街区最具吸引力的是它的场所感："就像有一套标准的高层办公建筑的设计规范……，也会出现建筑保护的标准。所以我担心越来越多的成功案例将导致我们更加依赖成规，而不是对每一个项目进行新的思考"。因此，实现成功的振兴需要对资产、街区及其所属城市、地区和国家进行再认识和再探索。

实现振兴

本书讨论了城市历史街区以期理解它们的振兴过程。从政策的设想、制定及实施的角度看，最终所产生的成果相当关键，而且还要不断施加努力才能保持已取得的成果。这些都可以为其他街区提供积极的经验。振兴过程始于对每个街区所遭受的特定过时的性质的认识和理解，对街区资源和资产的认识也需要与其发展机遇相关联，还有，必须以谨慎而恰当的方法对振兴工作加以控制以确保它的持续发展。

关于过时

所有的城市都会经历成长、变迁和衰败的过程。这种变化十分复杂，有很多不同的表现形式。本书探讨过一种特殊的变化形式：即19世纪工业、商业和居住街区的过时。过时是物质和经济方面的变化与建筑和场所位置相对固定之间的一种函数。

各种经济活动之间的变化与平衡模式是城市和城市地区持续发展的一部分。就城市经济活动的模式而言，很少有城市是静态的：各个地区的命运随着时间而起伏。城市内的许多地区都曾有过自己的"黄金时代"，对其中大多数地区来说，接踵而来就是衰退。很多城市和城市地区现在又为实现"第二个黄金时代"和在全球经济中重新定位而奋斗。城市历史城区是获得这种经济活力努力的一部分，这种街区也受到世界经济发展和后工业化社会新兴模式的影响。由于这些地区原先的功能已转移到其他国家和洲，或因公司从衰退地带转移到阳光地带而在全国范围内重新布局，许多街区出现过剩现象。按照芝加哥学派提出的生态过程概念，这正是居民区衰落的原因。

正如第二章所论述的，存在各种形式的过时：物质的、功能的、人为的、法律的、形象上的和区位上的。很多过时可以直接解决：建筑可以进行修复，功能过时可以通过整治加以解决，官方的过时可通过相关规划决定废除，如必需涉及拆除或清理的道路规划，以及通过创建保护区或历史街区等来应对；改变形象过时可以通过环境改善和街区整治来使街区焕然一新，如把它变成一个旅游观光点而不是一个衰落的工业区。最棘手的过时是区位过时。即由于不同原因，其他地区比历史街区拥有了更大的竞争优势。相对的区位过时会导致对历史建筑的利用和需求的降低。

为克服一个地区的区位过时并恢复它的经济时运，需要激发这个地区的竞争优势。本书所提及的许多街区都试图建立或保持其消费/生产中心的地位。这需要采取一些行动，改变那些发生在地区内和建筑中的活动。强化现有使用功能，并使其运作得更有效或更有利，这种做法可称之为一种功能的再生。这些努力包括突出街区的历史特性、改变建筑现有功能为旅游或居住活动服务，或改善街区的文化氛围等。此外，城市历史街区也可以转变成为后工业化的中心，例如成为一个文化生产或传媒公司的集中地。当新的功能及活动取代了现有功能或利用了以前闲置的空间，这种做法可称之为一种功能重建。一种较为克制的重建所引入的新功能可以协调并支持街区现有的经济基础，这种做法可以称之为一种功能的多样化。在功能的多样化和重建这两种方式中，地区的历史特征可以作为资产予以开发。

资源

要实现振兴就必须认识和开发所在地的资源。存在于城市历史街区中的场所感和特质是一种稀有资源，但需要对它们进行保护和管理并开发其主要的特质。这种场所感具有物质的和功能的两个方面。

各种城市历史街区都拥有其特有的历史性建筑环境和城镇景观。正是由于这种稀缺性，使街区的环境特征拥有了一种经济价值。所以需要有效的管理来保护和维持这种特性，以保持并提高街区房产的综合价值。有关城市设计和建筑管理方面的问题已在第七章中进行过讨论。为了有效地开展保护，就要知道所保护的究竟是什么："不言而喻，如果要制定一种积极的保护政策，城市规划管理部门首先就应当对保护对象有充分的认识……，必须对每个地块的建筑存量进行调查和归类，确定可能的危险并预测供给量的多少。如果建筑是可有可无的，就要为合理的再开发制定严格的标准，或提出新的使用方案或其他保护方式，并对建筑进行测量、分析、拍照以存档"。假如有一些投资或政府补贴，保护城市历史街区的物质环境就相对比较简单。对保护控制手段和保护的限制或指定历史地区以及对它们审慎的运用意味着这一地区大部分的开发和投资会形成对历史建筑结构的物质保护。

街区的场所感还有功能上的作用。建筑中的活动进一步强化了这种场所感的特性。在振兴过程中，街区的功能特性经常受到绅士化的威胁。功能特性来自场所中的传统活动，而这些活动如今已经消失，就像在莱斯市场所见到的那样。另一种情况如坦普尔街区，一种所期望的功能特性可能恰恰出自一个正在衰败的街区中的活动。衰败扰乱了传统的房产价格和土地价值，这在短期内允许其他活动占据街区空间。反过来，这些活动可能赋予该街区以一种充满活力的新的个性，使这里焕发出新的生命。因此，在街区更新时最好能保留其原有特性，虽然这些新的活动也时常受到振兴进程的威胁。

可以认为，绅士化是破败而又过时的城市历史街区振兴过程中的一种必然结果。除非现有建筑是空置的，否则通常会出现某种人口置换和绅士化，因为一个街区一旦开始复兴，其资产价值就会上升并吸引那些愿意且有能力支付较高租金的用户。绅士化是一种常常带有贬损意味的措辞，其实重要的是绅士化及置换的程度。在苏荷，那些接管了未租出空间的艺术家随后又被中产阶级住户所取代，因为后者以更高的出价增加了房产主的收益。在马赖街区，一个不成功的尝试就是企图把传统工匠留在街区内，实际上几乎没什么人呆下来，因为他们的期望已经改变了。博洛尼亚的绅士化程度较低，原有居民搬出后取而代之的是学生和单身住户。洛多（LoDo）、先驱广场和商业城街区等实例表明了通过引入低租金开发试图使街区居住人口多样化，以减轻绅士化的影响。在沙德·泰晤士街区，整治的高成本意味着房屋只有中产阶级住户才能买得起。在珠宝街区，商人们的团结一致促成街区原有功能和商人保留在原地。不过，其代价是房屋所有者仅对建筑进行了低水平的物质改善。在莱斯市场，取代工业单元的办公功能开发属于另一种绅士化，即"功能绅士化"：房屋功能从第二产业转向第三产业（从以蓝领为主的工业和手工业转向以白领为主的产业）。但由于市议会反对这种变化，结果使街区的振兴疲软乏力。

与绅士化有关的问题是不同的利益造成的，保护主义者一般主张街区的物质环境保护优先；而另外一些人，通常是那些在这里生活和工作的人们，主张保持街区的功能特征优先。阿什沃思与特布里奇观察到，在以住宅为先导的振兴中，那些居住于历史建筑并重视其历史文化的人，与那些虽然也居住在同样的房产或区域中、但有不同目的和考虑、相对不关心这里的历史特性和价值，而更看中其中心区位与低租金的人之间有着显著的不同。尽管最终这两类人会有一定程度的重叠，但认识到他们的利益可能并不一致是很重要的。这种差异的重要性在于通过绅士化，第二类人会被第一类人所取代。

有几个街区的案例研究都在寻求一种同时保护功能与物质环境的方法。这种保护思想试图抵制市场和其他经济变化的压力，但其结果最终是徒劳的。比如在莱斯市场街区，对成长中的办公功能的抵制危害到这种变化可能提供的对物质环境的保护。实际上，更为重要的是应当严格地保护物质环境特征而较为灵活地对待其功能特征。注重保持街区原有的功能特征可能会阻挠吸引街区物质环境保护与振兴所需投资的努力，并导致历史建筑的退化和消失。过度热衷于街区物质环境与功能的保护会导致进一步的衰败。

认清机遇

充分认识街区的资产和资源、确定街区的适当角色是成功振兴的关键。这需要一种洞察力，要确定潜在的需求，以及在特定城市中的特定街区发展何种功能是最恰当的。培育这类地区的竞争力是一种挑战。与其他地区一样，振兴城市历史城区需要创立一种多样化的经济基础，并在不同的需求中取得平衡。这可以通过引入或重新引入多种功能来实现。因为与城市其他地区的竞争是一个持续的过程，单一功能的街区很难持续发展。罗维尔街区的一个问题就在于把它的振兴与王氏公司的命运紧密相连。因此，像坦普尔街区这样旨在通过发展一系列功能来实现振兴的街区，将能更长久地保持兴旺。因为在任何时候，不同经济变化的冲击只能影响到它的多种新功能中的一部分。将振兴建立在一种主要的单一功能上的种种努力，会像莱斯市场街区那样受到很大挫折。诺丁汉也是迟迟才明白，街区振兴必须追求一种多功能的发展策略。

其实城市历史街区很少是独立的功能区，不能把它们限定于一种纯粹的空间形态。它们是城市中心区功能与形态复合体中不可缺少的一部分，与城市其他部分，特别是与中心区之间有着一种共生的关系。因此，对它们不能孤立地进行考虑，而应置于城市和区域整体的文脉中。像小德国街区、珠宝街区、莱斯市场和先驱广场这样的地区，都曾经历过不同程度的混乱，因为20世纪50至60年代的公路规划使它们与城市中心和其他街区的联系受到影响，甚至被切断了。在第六章中曾介绍过，伯明翰尽了很大的努力改善城市中心区的环境，加强了与珠宝街区的联系。诺丁汉也进行了类似的努力，通过对旅游线路的改造以及对"周日十字"（Weekday Cross）街区的改造把莱斯市场和市中心重新联系在一起。而强化与城市商业区和运动场地之间的联系是西雅图先驱广场振兴的一个重要因素。还有许多街区，像商业城、坦普尔、苏荷、洛多、卡斯菲尔德、马赖和博洛尼亚中心区等等，则没有经历过上述与城市中心联系上的中断。因此，它们的振兴环境较为有利。遗憾的是，布拉德福德没有试图改善小德国街区与城市中心区之间的空间联系，使街区在城市中的潜在能力没有完全开发出来。

改进管理方式

振兴城市过时地区的使命由政府机构、大土地主、居民、商家和各种地方团体共同承担，他们相互之间拥有利害关系。这些参与者中的任何一员都能担任领导责任。在罗维尔，那些起领导作用的政治家们不仅将生机重新带回城市，而且也将他们自己推向了国内的政治舞台，从而为城市带来进一步的投资。在街区振兴中承担重要作用的个人或机构既要足智多谋，还要意志坚定。他们需要拥有把难题转化为机遇的能力，这样才能使梦想转变成行动。

房产开发是街区振兴中一个必要但非充分的条件，所以振兴项目的成败与房产市场的兴衰紧密相连。在实施重建或功能多元化的地方通常会有一些启动性的重点项目。这是为吸引更多投资而显示出有一个有效的市场和对新兴活动及功能的需求。若项目由公共部门出资，资助的程度会随着市场的健全和项目在商业上的自立而逐渐减少。至于私人开发项目，在振兴的早期，规划者需要采取一种弹性的、放任的态度。因为具有远见的投资者和企业家们率先在历史街区进行开发，其回报就是资产的大幅升值。而一旦这些启动项目取得成功并使进一步的振兴聚集了动力，规划者就应对房产的供给严加控制，对房产需求进行引导。在这方面，沙德·泰晤士曾有深刻的教训。有一段时期那里拥有400多个经过改造但却是空置的房产，市场没有有效需求。供求间的不协调导致了破产的出现，一些开发公司处于受破产管理的状态。实际上，建筑开发的速度应当放慢一点以与市场需求相匹配，避免供给过剩。20世纪80年代末的房产繁荣是振兴城市历史街区的一次机遇，到90年代初这样的机会已经很少了。

通过对历史建筑的整治、创造有吸引力的空间、改善公共设施使振兴的进程变得直观，而对历史建筑的利用也需要持续的管理。成功振兴的城市街区常常从政府机构与私人部分的合作中获益，也从对它们进行管理的机构获益。在研究案例中，可以从美国的罗维尔、西雅图和丹佛等找到成功的实践。振兴进程一开始，这些城市都有市民领袖/政治家们保障持续的管理工作，设立专门机构使街区健康发展。英国也有这样的例子，在布拉德福德，尽管时间短暂，地方政府和主要参与者在小德国街区行动中联合起来。在诺丁汉，当地政府通过设立莱斯市场开发公司进行管理，持续地支持开发建设。罗维尔和卡斯菲尔德的兰杰斯公园（Park Rangers）形象化地展现出对街区振兴管理工作的支持。

对历史街区实施积极的管理，要求相关的管理者保证在街区中的每个行动都使这里比以前的状况有所进步。蒙哥马利说："很多城市街区需要更多的尊重、帮助和新财源、新活力的注入，而不是综合、理性的规划。我们称之为城市服务的职责（Urban stewardship）：即帮助一个地方自立。这是一种通过实施渐进的变化、有选择性的策略干预和环境改善而开展的管理模式"。

成功的振兴

人们可以凭直觉感觉到一个城市历史城区已获得振兴。振兴只能从性质上予以界定，并不存在一个神奇的临界点，超过它就可以凭经验宣称振兴已经发生了。振兴可使街区恢复有效的功能，它是一个动态的过程。通过实例研究发现，振兴过程在不同程度上进行着。本书讨论过的很多街区仍有大量缺乏修缮、弃置或需要整治的建筑，以及空置用地上的临时停车场。成功的振兴应当在物质环境、经济和社会诸方面表现出来。

物质环境振兴

实际上，成功振兴的历史街区会维护良好，这种状态会很好地保持下去。经过修复和整治，老建筑上的层层煤灰和尘垢被清除了，街道得以改善，街区展现出一种良好的总体形象（图 8.2）。这种积极的形象使它成为一个对投资者、旅行者和居民有吸引力的地方。

图 8.2
伦敦考文特广场。成功振兴的历史街区维护良好，这种状态会很好地保持下去。经过修复
和整治，老建筑上的层层煤灰和尘垢被清除了，街道得以改善，街区展现出一种良好的总
体形象。

在城市历史街区振兴中，开展引人注目的环境干预经常是第一步。第一步的措
施通常需要分别对建筑、公共环境或同时对两者实施环境改善，为的是把新的功能

和人吸引到这个地区。大量研究表明，人们在缺少修缮及有不良视觉形象的地方会感到不适和害怕（Oc and Trench，1993，p.164）。因此，物质环境的振兴是针对公共领域的改善（通常由政府机构资助），以及对现有建筑进行整治。对建筑加以整修以适应现有功能或通过改造适应新的功能，通常由私人部分投资并有多种公共基金和税务激励制度的支持。在英国，如IIAs，CIAs等"改善行动"（Operation Clean-up）项目就是为了保证历史街区的环境改善而设立的。在丹佛，特别设立的流动基金鼓励并使投资者能够对建筑进行整治，而城市则承担环境改善的责任。

经济振兴

显而易见，房产开发与整治是振兴中一个必要而非充分的条件。从房产开发的角度看，还需关注街区的经济基础建设，这样才能进一步刺激历史建筑资产的成长和充分的利用。所以，城市历史街区的振兴同时包括了物质结构的更新和对建筑空间的积极利用的经济措施。在短期内，物质环境的振兴可以产生一个有吸引力的、维护良好的公共领域，使街区呈现出积极形象以鼓励公众的信心。长期而言还需要经济的振兴，因为最终是私人领域的生产性设施支付维护公众领域所需的费用。里普凯马说："在历史街区中，一座虽经整治但却无人问津的空建筑对经济振兴没有任何作用，而一座住满房客的建筑却十分有用。是人和经济活动，而不是壁画和室内管道装置，最终增加了街区的经济价值。"

社会振兴

在社会层面，成功振兴的城市历史街区是一个活跃而生机勃勃的地方。一个经过振兴的街区具有引人入胜的环境，是居住、工作和游玩的好去处；街巷里人来人往，犯罪率很低。当代的城市设计包括场所感的创造和场所营造。正是由于人的存在才把空间变成他们居住、工作的场所，成为城市的有机组成部分。新的观点是：在城市设计的所有方面，都要透过表面现象思考人对场所的体验。因此，好的城市街区也是城市设计的优秀范例。

在这方面，公共领域不仅是一种物质结构，同时也是一种社会结构，认识到这一点十分重要。城市公共领域不仅需要从空间上予以界定，而且还需要人的活动使它活跃起来，因为只有通过人的利用，空间才能成为场所。对于城市空间来说，重要的是要有人使它生气蓬勃；这种生机是能够设计出来的。麦科马克讨论了街道的

图 8.3
伦敦沙德·泰晤士街区。建立一个生机勃勃的城市街区在于确保以最有交互式的功能占据
适当的临街空地。

渗透性：建筑内的行为能够通过生活与活动方式渗透开来，使街道充满生机与活
力。他指出，建筑中的某些功能与街道上的人没什么关系，而另一些则与他们密切
相关。空间中有他人相伴的感觉与街道活力就基于这些关系的发展。麦科马克建立

起一种支撑活跃的公共领域的功能层级体系。这并不说明其中有些功能是不必要的，或在一个城市地区中没有立足之地。它只是建议这些功能应该较少地出现在街道界面上和有形的公共领域中。麦科马克层级体系的两端是停车场和街市，前者对路人没有什么意义，而街市在卖主和公众、货摊和街道间开展了一系列关系密切的活动。位于这两者之间的一些功能能按照与街道关系的强弱顺序予以划分：停车场、仓库、大型工业、大型办公区、公寓区、超市、小型办公区和商店、住宅、餐厅和酒吧，最后是街道市场。

建立一个生机勃勃的城市街区的挑战在于确保以最有交互式的功能占据适当的街道界面（图8.3）。坦普尔街区的《1992年开发计划》提出过一个详细的混合功能规划，包括土地利用垂直区划。这一政策集中于城市公共领域。它鼓励对建筑底层进行积极的利用，如零售、酒吧、俱乐部、画廊以及其他文化设施，有助于活跃街道、提供繁荣的夜间经济，从而使街区更安全。对建筑上层的控制就较为灵活，允许进驻多种较为"消极"的功能如居住、办公等。丹佛的洛多街区也有相同的政策，鼓励那些能够创造更多步行生活使街区生机勃勃的功能，并使之成为一个安全的地区。要营造对行人友善的街区，还有一些影响因素：街道的渗透性，即让步行者悠闲地在街区周围安全行走；以及街道的可识别性，能够引导步行者在街区中漫游。

蒙哥马利指出，在城市历史街区中，有计划的文化活动可以激发公共领域中的活力。其中包括编排节目和公开展示，鼓励人们在城市场所中参观、购物和闲逛。蒙哥马利进一步描述道："街区需要创造一种文化活力，使精心设计的项目和节日庆典贯穿一系列人群聚集地，包括各种公共场所、广场和公园等。这种计划旨在为人们提供多种口味的项目和活动，如午间音乐会、美术展览、街道剧场等，这样人们在开始参观街区时就想知道下面还有什么在等着他们。就是由于有人在街道上、在咖啡馆里和在不同的公共空间内流动，城市活力才被激发出来。"不过，街区活力的"真实性"也很重要。戈德曼（Goldman），一个开发了纽约苏荷和迈阿密Art Deco区的开发商，曾批评他在考文特广场所见的"人造"街道生活："那里对我没有吸引力。它是华特·迪斯尼的套路。没有味道，没有真实感。它是米色色调，我不喜欢那种颜色。那里需要继续雕磨。"

结语

在所有城市中，包括各种城市历史街区，正在进行着变化的过程。本书的兴趣在于振兴城市历史街区，对有重要历史特征和场所感的街区进行保护，使它恢复有效的功能。这一进程应依赖于社会与经济条件的变化，例如在过去20年间，社会人口统计学显示出中等收入阶层在向城市中心区域回归。还有，因为这里的场所感和有品位的环境，种种后工业时代的经济活动也被吸引过来。由于城市历史街区在重塑城市形象方面的优势，它们对大的城市区域也具有文化和经济方面的重要价值。格拉斯哥的商业城街区是城市振兴蓝图中不可或缺的一部分，该市力图将自己从原先的衰败之都重新塑造成20世纪末的"腾飞"之城。卡斯菲尔德是曼彻斯特市雄心壮志的一种表现，它想成为一个文化性和经济性并重的健康的欧洲城市，吸引金融、旅游等后工业产业。都柏林的坦普尔街区展示了作为一个国家首都所作出的振兴努力，这里的年轻人素有移居海外的习惯。通过增加经济活力，这个新的街区成为确保越来越多的爱尔兰青年留在都柏林的因素之一。当人和活动回归后，一个历史街区就开始振兴了，这里成为一个人们愿意使用和投资的地方。本书所讨论的各类街区阐释了我们有可能以不同的方式获得这种新的活力。

参考文献

Alexander, C. (1965), 'A city is not a tree', *Architectural Forum*, April, reprinted in *Design*, No.6. February, 1966, pp. 46–55.

Alexander, C. *et al.* (1977), *A Pattern Language of Architecture*, Oxford University Press, Oxford.

Alexander, C. *et al.* (1979), *The Timeless Way of Building*, Oxford University Press, Oxford.

Alexander, C. *et al.*, (1987), *A New Theory of Urban Design*, Oxford University Press, Oxford.

Antoniou, J. (1991), 'Making sense of conservation', *Building Design*, 9 August, pp. 12–14.

Appleyard, D. (ed.) (1979), *The Conservation of European Cities*, MIT Press, Cambridge, MA.

Architecture Today (1995), 'Regeneration: Mixed media: Felim Dunne at Temple Bar', *Architecture Today*, 58, January, pp. 38–40.

Ashworth, G.J. and Tunbridge, J.E. (1990), *The Tourist–Historic City*, Belhaven Press, London.

Atkinson, R. and Moon, G. (1993) *Urban Policy in Britain*, Macmillan, London.

Balchin, P.N., Kieve, J.L. and Bull, G.H. (1988), *Urban Land Economics and Public Policy*, 4th edn, Macmillan, London.

Bandarin, F. (1979), 'The Bologna Experience: Planning and historic renovation in a communist city', in Appleyard, D. (ed.) *The Conservation of European Cities*, MIT Press, Cambridge, MA, pp. 178–202.

Banerjee, T. and Baer, W.C. (1984), *Beyond the Neighbourhood Unit: Residential Environments and Public Policy*, Plenum, New York.

Barlow, J. and Gann, D. (1993), *Offices into Flats*, Joseph Rowntree Foundation, York.

Barnett, J. (1982), *An Introduction to Urban Design*, Harper and Row, New York.

Barrett, H. (1993), 'Investigating townscape change and management in urban conservation areas: The importance of detailed monitoring of planned alterations', *Town Planning Review*, Vol.64 (4), pp. 435–456.

Bartlett, E. (1981), 'Miami Beach bets on art deco', *Historic Preservation*, Vol.33 (1), January/February, pp. 8–15.

Baumgarten, M. (1984), 'Building study: New Concordia Wharf, Pollard Thomas Edwards and Associates', *Architects Journal*, 4 July, pp. 47–62.

BEDU (Bradford Economic Development Unit) (1992), *Little Germany Factsheet No. 5*, BEDU, Bradford.

Bentley, I. *et al.* (1985), *Responsive Environments: A Manual for Designers*, Architectural Press, London.

Bianchini, F. and Parkinson, M. (1993), *Cultural Policy and Urban Regeneration: the Western European Experience*, Manchester University Press, Manchester.

Bianchini, F. and Schwengel, H. (1991), 'Re-imagining the city', in Corner, J. and Harvey, S. *Enterprise and Heritage: Crosscurrents of National Culture*, Routledge, London, pp. 212–234.

Bianchini, F., Dawson, J. and Evans, R. (1992), 'Flagship Projects in Urban Regeneration', in Healey, P. *et al.* (eds), *Rebuilding the City: Property-led Regeneration*, E. & F. N. Spon, London, pp. 245–255.

Binney, M. (1984), *Our Vanishing Heritage*, Arlington Books, London.

Birch, E.L. and Roby, D. (1984), 'The planner and the preservationist: An uneasy alliance', *Journal of the American Planning Association*, Spring, pp. 194–207.

Birmingham City Council (1984), *City of Birmingham Local Plan*, Birmingham City Council, Birmingham.

Black, A.F. (1976), 'Making historic preservation profitable – If you're willing to wait', in Latham, J.E. (ed.), *The Economic Benefits of Preserving Old Buildings*, The Preservation Press/National Trust for Historic Preservation, Washington DC, pp. 21–27.

Bradford City Council (1984), *Bradford City Centre Local Plan*, Bradford City Council, Bradford.

Bradford City Council (1993), *Bradford North Unitary Development Plan*, Bradford City Council, Bradford.

Bradford City Council (1994), *Bradford Unitary Development Plan*, Bradford City Council, Bradford.

Bradford Economic Development Unit (1991a), *Our Part in the Future of Bradford*, City of Bradford Metropolitan Council, Bradford.

Bradford Economic Development Unit (1991b), *Merchant's House, Peckover Street, Little Germany, Bradford*, City of Bradford Metropolitan Council, Bradford.

Bramwell, B. (1993), 'Planning for tourism in an industrial city', *Town and Country Planning*, January/February, pp. 17–19.

Brindley, T., Rydin, Y. and Stoker, G. (1989), *Remaking Planning: The Politics of Change in the Thatcher Years*, Unwin Hyman, London.

Brink, P.H. and Dehart, H.G. (1992), 'Findings and Recommendations', in Lee, A. J. (ed.), *Past Meets Future: Saving America's Historic Environments*, National Trust for Historic Preservation/The Preservation Press, Washington, DC, pp. 15–23.

Broadbent, G. (1990), *Emerging Concepts of Urban Space Design*, Van Nostrand Reinhold, London.

Brolin, B. C. (1980), *Architecture in Context: Fitting New Buildings with Old*, Van Nostrand Reinhold, New York.

Brown Morton III, W. (1992), 'Forging new values in uncommon times', in Lee, A.J. (ed.), *Past Meets Future: Saving America's Historic Environments*, National Trust for Historic Preservation/The Preservation Press, Washington, DC, pp. 37–41.

Bruttomesso, R. (ed.) (1991), *Waterfronts: A New Urban Frontier*, International Centre for Cities on Water, Venice.

Buchanan, P. (1988), 'What city? A plea for a place in the public realm', *Architectural Review*, November.

BUDS (Birmingham Urban Design Studies)/Tibbalds Colbourne Karski Williams Ltd (1990), *City of Birmingham: Urban Design Strategy: Stage 1*, Birmingham City Council/BUDS, Birmingham.

Burkart, R. and Medlik, P. (1981), *Tourism Past, Present and Future*, 2nd edn, London, Heinemann.

Burke, G. (1976), *Townscapes*, Penguin, Harmondsworth.

Burtenshaw, D., Bateman, M. and Ashworth, G.J. (1991), *The European City: A Western Perspective*, David Fulton Publishers, London.

Campbell, M. (ed.) (1990), *Local Economic Policy*, London, Cassell Educational.

Cantacuzino, S. (1975), *New Uses for Old Buildings*, The Architectural Press, London.

Cantacuzino, S. (1989), *Re/Architecture: Old Buildings/New Uses*, Abbeville Press, New York.

Cantacuzino, S. and Brandt, S. (1980), *Saving Old Buildings*, The Architectural Press, London.

Casson, Sir Hugh, (1984), Foreword to Royal Borough of Kensington and Chelsea, *Urban Conservation and Historic Buildings: A Guide to the Legislation*, Royal Borough of Kensington and Chelsea, London.

Castells, M. (1989), *The Informational City: Information Technology, Economic Restructuring and the Urban-Regional Process*, Basil Blackwell, Oxford.

Castells, M. and Hall, P. (1994), *Technopoles: The Making of Twenty-First-Century Industrial Complexes*, Routledge, London.

Castlefield Management Company (1993), *The Regeneration of Castlefield*, Castlefield Management Company, Manchester.

Castlefield Management Company (1994a), *Newsheet*, Castlefield Management Company, Manchester.

Castlefield Management Company (1994b), *Urban Regeneration Stimulating Tourism*, Castlefield Management Company, Manchester.

Central Manchester Development Corporation (1993), *Cityscope*, Central Manchester Development Corporation, Manchester.

Central Manchester Development Corporation (1994), *Castlefield Area Regeneration Framework*, Central Manchester Development Corporation, Manchester.

Chapman, B.K. (1976), 'The growing public stake in urban conservation', in Latham, J.E. (ed.), *The Economic Benefits of Preserving Old Buildings*, The Preservation Press/National Trust for Historic Preservation, Washington DC, pp. 9–13.

Children's Employment Commission (1862), *Third Report*, City of Birmingham, Birmingham.

City and County of Denver (1991), *Lower Downtown: Streetscape Design Guidelines*, City and County of Denver, Denver.

CGDC (City of Glasgow District Council Planning Department) (1992), *The Renewal of Glasgow's Merchant City*, City of Glasgow, Glasgow.

CGDC (City of Glasgow District Council Planning Department) (1995), *Results of the Merchant City Residents' Attitudes Survey*, City of Glasgow, Glasgow.

CGDC (City of Glasgow District Council Planning Department) (1994), *Merchant City: Policy and Development Framework*, City of Glasgow, Glasgow.

City of Seattle Department of Community Development (1990), *Mayor's Recommended Pioneer Square Plan Update*, City of Seattle, Seattle.

CMDC (Central Manchester Development Corporation) (1990), *Strategy for Central Manchester*, Central Manchester Development Corporation, Manchester.

Collins, R.C., Waters, E.B. and Dotson, A.B. (1991), *America's Downtowns: Growth, Politics and Preservation*, The Preservation Press, Washington, DC.

Colquhoun, I. (1995), *Urban Regeneration: An International Perspective*, B. T. Batsford Ltd, London.

Conran Roche, Coopers & Lybrand, Frank Innes, Edward Shipway and Partners, (1989), *Study of Lace Market Development Opportunities*, Nottingham City Council, Nottingham.

Conrads, U. (1964), *Programmes and Manifestoes of Twentieth Century Architecture*, Lund Humphries, London.

Cooke, P. (ed.) (1989), *Localities – The Changing Face of Urban Britain*, Unwin Hyman, London.

Corner, J. and Harvey, S. (1991), *Enterprise and Heritage: Crosscurrents of National Culture*, Routledge, London.

Coulson, A. (1990), 'Evaluating local economic policy', in Campbell, M. (ed.), *Local Economic Policy*, Cassell, London, pp. 174–194.

Crewe, L. and Forster, Z. (1993a), 'Markets, design, and local agglomeration: the role of the small independent retailer in the workings of the fashion system', *Environment and Planning D: Society and Space*, Vol.11 pp. 213–229.

Crewe, L. and Forster, Z. (1993b), 'A Canute policy fighting economics? Local economic policy in an industrial district: the case of Nottingham's Lace Market', *Policy and Politics*, Vol.21 (4), pp. 275–287.

Crewe, L. and Hall-Taylor, M. (1991), 'The restructuring of the Nottingham Lace Market: Industrial relic or new urban model?', *East Midlands Geographer*, Vol.14, pp. 14–30.

Cruickshank, D. (1990), 'Street Wise (Shad Thames)', *Architects Journal*, 16 May, pp. 26–29.

Cullen, G. (1961), *Townscape*, Architectural Press, London.

Cullen, G. (1971), *The Concise Townscape*, Architectural Press, London.

Cullinan, E.A. (1992), *Development Programme for Temple Bar*, Temple Bar Properties Ltd, Dublin.

Cullingworth, J.B. (1992), 'Historic preservation in the US: from landmarks to planning perspectives', *Planning Perspectives*, 7, pp. 65–79.

Culot, M. (1980), *In the Presence of the Past*, Venice Biennale, Venice.

Cunnington, P. (1988), *Change of Use: The Conversion of Old Buildings*, Alphabooks, A & C Black, London.

Datel, R.E. and Dingemans, D.J. (1980), 'Historic preservation and urban change', *Urban Geography*, Vol.1 (3), pp. 229–253.

Deakin, N. and Edwards, J. (1993), *The Enterprise Culture and the Inner City*, Routledge, London.

Dean, J. (1993), 'Why do we seek to conserve?', *The Planner*, April, pp. 13–14.

DOE (Department of the Environment) (1972), *Town and Country Planning (Amendment) Act*, HMSO, London.

DOE (Department of the Environment) (1977), *White Paper: Policy for the Inner Cities*, HMSO, London.

DOE (Department of the Environment) (1985), *The Urban Programme*, HMSO, London.

DOE (Department of the Environment) (1986), *Industrial Improvement Areas*, HMSO, London.

DOE (Department of the Environment) (1987a), *Re-Using Redundant Buildings*, HMSO, London.

DOE (Department of the Environment) (1987b), *Historic Buildings and Conservation Areas: Policy and Procedures*, HMSO, London.

DOE (Department of the Environment) (1988a), *Improving Urban Areas: Good Practice in Urban Regeneration*, HMSO, London.

DOE (Department of the Environment) (1988b), *Developing Businesses: Good Practice in Urban Regeneration*, HMSO, London.

DOE (Department of the Environment) (1988c), *Action for Cities: Building An Initiative*, HMSO, London.

DOE (Department of the Environment) (1990), *Tourism and the Inner City: An Evaluation of the Impact of Grant Assisted Tourism Projects*, HMSO, London.

DOE (Department of the Environment) (1992), *Planning Policy Guidance Note 21: Tourism*, HMSO, London.

DOE (Department of the Environment) (1993), *Evaluation of Urban Development Grant, Urban Regeneration Grant and City Grant*, HMSO, London.

DOE (Department of the Environment) (1994), *Planning Policy Guidance Note 15: Planning and the Historic Environment*, HMSO, London

Dobby, A. (1978), *Conservation and Planning*, Hutchinson, London.

Doheny, D.A. (1993), 'Property rights and historic preservation', *Historic Preservation Forum*, Vol.7 (4), July/August, pp. 7–10.

Dublin Corporation (1990), *The Temple Bar Action Plan*, Dublin.

Duffy, F. and Henney, A. (1989), *The Changing City*, Bulstrode Press, London.

Dunlop, B. (1992), 'Coping with success', *Historic Preservation*, Vol.44 (4), July/August, pp. 56–63.

Dunne, F. (1993), 'Mixed media at Temple Bar', *Architecture Today*, No.38, May, pp. 38–40.

Economakis, R. (ed.) (1992), *Leon Krier: Architecture and Urban Design, 1967–1992*, Academy Editions, London.

Eddy, D.H. (1985), 'Authentic city', *RIBA Journal*, July, pp. 42–44.

Edwards, B. (1992), *London Docklands: Urban Design in an Age of Deregulation*, Butterworth Architecture, London.

Egan, D.J. (1983), 'Tourism and Employment', *The Planner*, July/August, p. 133.

Eisenman, P. (1982), 'Editor's introduction: The houses of memory: The texts of analogy', in Rossi, A. (English translation) *The Architecture of the City*, MIT Press, Cambridge, MA.

Elkin, T. and McLaren, D. with Hillman, M. (1991), *Reviving the City: Towards Sustainable Urban Development*, Friends of the Earth, London.

Ellis, C. (1990), 'Le Marais restaure', *Historic Preservation*, Vol.42 (2), March/April, pp. 22–29.

English Tourist Board (1978), *Planning for Tourism in England*, English Tourist Board, London.

English Tourist Board (1989), *Manchester, Salford and Trafford Strategic Development Initiative*, English Tourist Board, London.

English Tourist Board (1991), *Tourism and the Inner City: Planning Advisory Note 3*, English Tourist Board, London.

Falk, N. (1986), 'Baltimore and Lowell: Two American Approaches', *Built Environment*, Vol.12 (3), pp. 145–152.

Falk, N. (1987), 'From vision to results', *The Planner*, June, pp. 39–43.

Faulkner, P.A. (1978), 'A philosophy for the preservation of our historic heritage', *Journal of the Royal Society of the Arts*, Vol.126, pp. 452–80.

Firth, G. (1990), *Bradford and the Industrial Revolution: An Economic History 1760–1840*, Ryburn Publishing, Halifax.

Fishman, R. (1982), *Urban Utopias of Tomorrow: Ebenezer Howard, Frank Lloyd Wright and Le Corbusier*, MIT Press, Cambridge, MA.

Fitch, J. M. (1990), *Historic Preservation: Curatorial Management of the Built Environment*, University Press of Virginia, Charlottesville.

Fleming, R.L. (1981), 'Recapturing history: a plan for gritty cities', *Landscape*, Vol.25 (1), pp. 165–180.

Ford, L.R. (1994), *Cities and Buildings: Skyscrapers, Skid Rows, and Suburbs*, The John Hopkins University Press, London.

Freeman, A. (1990), 'Lessons from Lowell', *Historic Preservation*, Vol.42 (6), November/December, pp. 32–39, 68–69.

Freeman, R.W. (1976), 'Integrity in the Vieux Carre', in Latham, J.E. (ed.) *The Economic Benefits of Preserving Old Buildings*, The Preservation Press/National Trust for Historic Preservation, Washington, DC, pp. 111–115.

Gall, L. D. 'The Heritage Factor in Lowell's Revitalization', in Weible, R. (ed), (1991), *The Continuing Revolution: A History of Lowell, Massachusetts*, Lowell Historical Society, Lowell.

Gans, H. (1962), *The Urban Villages: Group and Class in the Life of Italian-Americans*, Free Press, New York.

Gans, H. (1968), *People and Plans: Essays on Urban Problems and Solutions*, Basic Books, New York.

Gay, P.H. (1992), 'The urgency of urban preservation', in Lee, A.J. (ed.) *Past Meets Future: Saving America's Historic Environments*, National Trust for Historic Preservation/The Preservation Press, Washington, DC, pp. 105–107.

Giedion, S. (1947), *Space Time and Architecture: The Growth of a New Tradition*, 7th edn, Oxford University Press, London.

Gleye, P.H. (1988), 'With heritage so fragile: A critique of the tax credit program for historic building rehabilitation', *Journal of the American Planning Association*, August, pp. 482–488.

Goldberger, P.J. (1976), 'The dangers of preservation success', in Latham, J.E. (ed.) *The Economic Benefits of Preserving Old Buildings*, The Preservation Press/National Trust for Historic Preservation, Washington, DC, pp. 159–161.

Goodall, B. (1987), 'Tourism policy and jobs in the UK', *Built Environment*, Vol. 13 (2), pp. 109–123.

Gorst, T. (1994), 'Energy: Shades of green: Murray O'Laorie in Dublin', *Architecture Today*, 53, August, pp. 38–42.

Gosling, D. and Maitland, B. (1984), *Concepts of Urban Design*, Academy Editions/St. Martins Press, London.

Graeve, J. (1991), *Temple Bar Lives: Winning Architectural Framework Plan*, Temple Bar Properties Ltd., Dublin.

Granada Studios Tour (1995), *Press Information*, Granada Theme Parks and Hotels Ltd.

Gratz, R.B. (1989), *The Living City: How America's Cities are being Revitalized by Thinking Small in Big Ways*, Simon and Schuster, New York.

Gratz, R.B. and Freiberg, P. (1980), 'Has success spoiled SoHo?', *Historic Preservation*, Vol. 32 (5), September/October, pp. 8–15.

Grieff, C.M. (1971), *Lost America: From the Atlantic to the Mississippi*, The Pyne Press, Princeton, New Jersey.

Griffiths, R. (1993), The politics of cultural policy in urban regeneration strategies, *Policy and Politics*, Vol. 21 (1), pp. 39–46.

Gunn, C.A. (1994), *Tourism Planning: Basics, Concepts, Cases*, 3rd edn, Taylor and Francis, Washington.

Haas-Klau, C. (1986), 'Berlin: 'soft' urban renewal in Kreuzberg', *Built Environment*, Vol. 12 (3), pp. 165–175.

Hall, P. (1991), 'Waterfronts: A new urban frontier', in Bruttomesso, R. (ed.) *Waterfronts: A New Urban Frontier*, International Centre for Cities on Water, Venice.

Hall, P. (1992), *Urban and Regional Planning*, 3rd edn, Routledge, London.

Hammer, Siler, George Associates (1990), *Lower Downtown: Economic Impact of Historic District Designation*, HSGA/City and County of Denver, Denver.

Hamshere, J.D. (1991), 'Regeneration catalysts or exclusion zones', *Town and Country Planning*, Vol. 60 (8) pp. 247–248.

Hareven, T.K. and Langenbach, R. (1981), 'Living Places, Work Places and Historical Identity', in Lowenthal, D. and Binney, M. *Our Past Before Us – Why do we save it?*, Temple Smith, London, pp. 109–123.

Harvey, D. (1985), *The Urbanization of Capital*, Basil Blackwell, Oxford.

Harvey, J. (1987), *Urban Land Economics: The Economics of Real Property*, 2nd edn, Macmillan Educational, London.

Harvey, D. (1989a), *The Condition of Postmodernity: An Enquiry into the Origins of Cultural Change*, Basil Blackwell, Oxford.

Harvey, D. (1989b), *The Urban Experience*, Basil Blackwell, Oxford.

Haughton, G. and Hunter, C. (1994), *Sustainable Cities*, Jessica Kingsley Publishers, London.

Healey, P. (1991), 'Urban regeneration and the development industry', *Regional Studies*, Vol.25 (2) pp. 97–110.

Healey, P. and Nabarro, R. (eds) (1990), *Land and Property Development in a Changing Context*, Gower, Aldershot.

Healey, P., Davoudi, S., O'Toole, M., Tavsanoglu, S. and Usher, D. (eds) (1992), *Rebuilding the City: Property-led Urban Regeneration*, E. & F.N. Spon, London.

Hewison, R. (1987), *The Heritage Industry: Britain in a Climate of Decline*, Methuen, London.

Hoyle, B., Pinder, D., and Husain, M. (eds) (1988), *Revitalising the Waterfront*, Belhaven, London.

Hubbard, P. (1993), 'The value of conservation', *Town Planning Review*, Vol.64 (4), pp. 359–373.

Imrie, R. and Thomas, H. (1993), 'The limits of property-led regeneration', *Environment and Planning C: Government and Policy*, Vol.11 (1), pp. 87–102.

Jacobs, J. (1961), *The Death and Life of Great American Cities*, Random House, New York.

James, A. and Black, G. (1992), *The Lace Market, Nottingham: A Vision and a Strategy for Visitor Use*, Nottingham City Council, Nottingham.

Jencks, C. (1977), *The Language of Post Modern Architecture*, Academy Editions, London.

Jencks, C. (1986), *What is Post Modernism?*, Academy Editions, London.

Johnson, J. (1987), 'Bringing it all back home: Ingram Square, Glasgow', *Architects Journal*, 6 May, pp. 39–51.

Johnson, J. (1989), 'Merchant revival', *Architects Journal*, 3 May, pp. 36–51.

Johnson-Marshall, P. (1966), *Rebuilding Cities*, Constable Ltd, Edinburgh.

Karski, A. (1990), 'Urban tourism – A key to urban regeneration?', *The Planner*, 6 April, pp. 15–17.

Kearns, G. and Philo, C. (eds) (1993), *Selling Places: The past as cultural capital past and present*, Pergamon Press, Oxford.

Keister, K. (1990), 'Main Street makes good', *Historic Preservation*, Vol.42 (5), September/October, pp. 44–50, 83.

Keister, K. (1993a), 'The art of the deal', *Historic Preservation*, Vol.45 (5), September/October, pp. 60–67, 100–101.

Keister, K. (1993b), 'Comeback on hold', *Historic Preservation*, Vol.45 (4), July/August, pp. 50–57.

Kolb, D. (1990), *Postmodern Sophistications: Philosophy, Architecture, and Tradition*, University of Chicago Press, Chicago.

Kotler, P., Haider, D.H. and Rein, I. (1993), *Marketing Places: Attracting Investment, Industry and Tourism to Cities, Nations and States*, The Free Press, New York.

Krier, L. (1978a), 'The reconstruction of the city' in Deleroy, R.L. *Rational Architecture*, Archives d'Architecture Moderne, Brussels, pp. 38–44.

Krier, L. (1978b), 'Urban transformations', *Architectural Design* Vol.48 (4).

Krier, L. (1979), 'The cities within a city', *Architectural Design*, Vol.49 (1), pp. 19–32.

Krier, L. (1984), 'Houses, palaces, cities', *Architectural Design* Vol.54 (7/8).

Krier, R. (1979), *Urban Space*, Academy Editions, London.

LaBrecque, R. (1980), 'New industry for Mill City, USA', *Historic Preservation*, July/August, Vol.32 (4), pp. 32–39.

Latham, J.E. (ed.) (1976), *The Economic Benefits of Preserving Old Buildings*, The Preservation Press/National Trust for Historic Preservation, Washington, DC.

Law, C.M. (1991), 'Tourism and urban revitalisation', *East Midlands Geographer*, Vol.14, pp. 49–60.

Law, C.M. (1992), 'Urban tourism and its contribution to economic regeneration', *Urban Studies*, Vol.29 (3/4), pp. 599–618.

Law, C.M. (1994), *Urban Tourism: Attracting Visitors to Large Cities*, Mansell, London.

Lawless, P. (1989), *Britain's Inner Cities*, Paul Chapman Publishing, London.

LDDC (London Docklands Development Corporation) (1987), *Docklands Heritage: Conservation and regeneration in London's Docklands*, LDDC, London.

Le Corbusier (1927/1946), *Towards a New Architecture*, Architectural Press, London.

Lee, A.J. (ed.) (1992), *Past Meets Future: Saving America's Historic Environments*, National Trust for Historic Preservation/The Preservation Press, Washington, DC.

Lichfield, N. (1988), *Economics in Urban Conservation*, Cambridge University Press, Cambridge.

Liddy, P. (1992), *Temple Bar, Dublin: An Illustrated History*, Temple Bar Properties Ltd., Dublin.

Lim, H. (1994), 'Urban tourism and the development of a tourism quarter – case studies of Temple Bar, Dublin, Ireland, and Sheffield, UK', unpublished conference paper given at the VIIIth AESOP conference, Istanbul.

Lottman, H.R. (1976), *How Cities Are Saved*, Universe Books, New York.

Lowenthal, D. (1981a), 'Introduction', in Lowenthal, D. and Binney, M. (1981), *Our Past Before Us – Why do we save it?*, Temple Smith, London, pp. 9–16.

Lowenthal, D. (1981b), 'Conclusion: Dilemmas of preservation', in Lowenthal, D. and Binney, M. *Our Past Before Us – Why do we save it?*, Temple Smith, London, pp. 213–237.

Lowenthal, D. (1985), *The Past is a Foreign Country*, Cambridge University Press, Cambridge.

Lowenthal, D. and Binney, M. (1981), *Our Past Before Us – Why do we save it?*, Temple Smith, London.

Lynch, K. (1960), *The Image of the City*, MIT Press, Cambridge, MA.

Lynch, K. (1972), *What Time is This Place?*, MIT Press, Cambridge, MA.

MacCormac, R. (1980), 'Architecture: The right mix', *Architects Journal*, 9 July, pp. 68–71.

MacCormac, R. (1983a), 'Urban reform: MacCormac's manifesto', *Architects Journal*, 15 June, pp. 59–72.

MacCormac, R. (1983b), 'The architect and tradition 2: Tradition and transformation', *Royal Society of Arts Journal*, November, pp. 740–753.

MacCormac, R. (1984), 'Actions and experience of design', *Architects Journal*, 4 and 11 January, pp. 43–47.

MacCormac, R. (1991), 'The pursuit of quality', *RIBA Journal*, September, pp. 33–41.

MacCormac, R. (1993), 'New buildings in historic contexts', *RIBA Journal*, Vol. 100 (2), February, pp. 29–32.

Mageean, A. (1995), 'Sustaining the heart of the city: Bologna', *Report*, August, pp. 34–36.

Maitland, B. (1984), 'The use of history', in Gosling, D. and Maitland, B. *Concepts of Urban Design*, Academy Editions/St. Martins Press, London, pp. 4–7.

Manchester City Council (1974), *Manchester Structure Plan*, Manchester City Council, Manchester.

Manchester City Council (1982), *City of Manchester Local Plan*, Manchester City Council, Manchester.

Manchester City Council (1991), *City of Manchester Local Plan*, Manchester City Council, Manchester.

Manchester City Council (1992), *Report of the Officers Working Party*, Manchester City Council, Manchester.

Manchester Museum of Science and Industry (1995), *The History of the Museum and its Site*, Museum of Science and Technology, Manchester.

Markusen, A. (1981), 'City spatial structure, women's household work, and national urban policy', in Stimpson, C.R., Dixler, E., Nelson, M.J. and Yatrakis, K.B. (eds) *Women and the City*, University of Chicago Press, Chicago.

Mathieson, A. and Wall, G. (1982), *Tourism: economic, physical and social impacts*, Longman, New York.

McCue, G. (1981), *The Building Art of St. Louis: A guide to the architecture of the city and its metropolitan region*, Knight Publishing Company, St Louis.

Middleton, R. (1983), 'The architect and tradition: 1: The use and abuse of tradition in architecture', *Journal of the Royal Society of Arts*, November, pp. 729–739.

Mitchell, H.B. (1992), 'The States: 25 years in the middle', in Lee, A.J. (ed.), *Past Meets Future: Saving America's Historic Environments*, National Trust for Historic Preservation/The Preservation Press, Washington, DC, pp. 65–71.

Montgomery, J. (1995a), 'The story of Temple Bar: Creating Dublin's cultural quarter', *Planning Practice and Research*, Vol.10(2), pp. 135–172.

Montgomery, J. (1995b), 'Urban vitality and the culture of cities', *The Planner*, April, pp. 20–21.

Morton, D. (1993), 'Conservation Finance: Expectations and Resources', *The Planner*, April, pp. 20–21.

Moughtin, J.C. (1995), *Urban Design: Street and Square*, Butterworth-Heinemann, Oxford.

Moughtin, J.C., Oc, T. and Tiesdell, S. (1995), *Urban Design: Ornament and Decoration*, Butterworth-Heinemann, Oxford.

Mullin, J.R., Armsrong, J.H. and Kavanagh, J.S. (1986), 'From mill town to mill town: The transition of a New England town from a textile to a high-technology economy', *Journal of the American Planning Association*, Winter 1986, pp. 47–59.

Mumford, L. (1938), *The Culture of Cities*, Secker & Warburg, London.

Mumford, L. (1961), *The History of the City*, Harcourt Brace Johanovich, New York.

Murtagh, W.J. (1988), *Keeping Time: The History and Theory of Preservation in America*, The Main Street Press, Pittstown, NJ.

Murtagh, W.J. (1992), 'Janus never sleeps', in Lee, A.J. (ed.), *Past Meets Future: Saving America's Historic Environments*, National Trust for Historic Preservation/The Preservation Press, Washington, DC, pp. 51–57.

National Park Service (1992), *Official National Park Handbook 140: Lowell – The Story of an Industrial City*, National Park Service, Washington.

North West Tourist Board (1993), *Regional Tourism Facts: North West*, North West Tourist Board, Wigan.

Nottingham City Council (1989), *Lace Market Development Strategy*, Nottingham City Council, Nottingham.

Nottingham City Council (1992), *Nottingham's Economic Development Strategy 1992–93*, Nottingham City Council, Nottingham.

Nottingham City Council (1993a), *Lace Market Development Strategy Review*, Nottingham City Council, Nottingham.

Nottingham City Council (1993b), *Nottingham's Economic Development Strategy 1993–94*, Nottingham City Council, Nottingham.

Oc, T. and Tiesdell, S. (1991), 'The London Docklands Development Corporation (LDDC), 1981–1991: A perspective on the management of urban regeneration', *Town Planning Review*, Vol.62 (3) pp. 311–330.

Oc, T. and Trench, S. (eds) (1990), *Current Issues in Planning*, Gower, Aldershot.

Oc, T. and Trench, S. (1993), 'Planning and Shopper Security', in Bromley, R.D.F. and Thomas, C.J. *Retail Change*, UCL Press, London.

Oc, T. and Trench, S. (eds) (1995), *Current Issues in Planning (Vol. II)*, Gower-Avebury, London.

O'Laoire, M. (1994), 'Shades of green', *Architecture Today*, No.53, November, pp. 38–42.

O'Reilly, L. (1981), 'Dublin: Urban renewal in a rapidly expanding city region', *The Planner*, Vol.67 (6).

Owens, R. (1990), 'Blue circle', *Architects Journal*, 17 October, pp. 26–33.

Paddison, R. (1993), 'City marketing, image reconstruction and urban regeneration', *Urban Studies*, Vol.30 (2), pp. 339–350.

Page, I. (1986), 'Tourism promotion in Bradford', *The Planner*, TCPSS Proceedings, February, pp. 72–75.

Parkinson, M. (1989), 'The Thatcher Government's urban policy, 1979–1989: A Review', *Town Planning Review*, Vol.60 (4), pp. 421–440.

Parkinson, M., Foley, B. and Judd, D. (eds) (1988), *Regenerating the Cities: The UK Crisis and the US Experience*, Manchester University Press, Manchester.

Pearce, D. (1989), *Conservation Today*, Routledge, London.

Pearce, G. (1994), 'Conservation as a Component of Urban Regeneration', *Regional Studies*, Vol.28 (1), pp. 88–93.

Prentice, R. (1993), *Tourism and Heritage Attractions*, Routledge, London.

Ravetz, A. (1980), *Remaking Cities: Contradictions of the Recent Urban Environment*, Croom Helm, London.

Ravetz, A. (1985), *The Government of Space: Town Planning in Modern Society*, Faber and Faber, London.

Raymond, A. (1995), *From Past Historic to Future Imperfect?*, unpublished MA dissertation at the University of Nottingham.

Read, J. (1982), 'Looking backwards?', *Built Environment*, Vol.7 (2), pp. 68–81.

Richards, J. (1994), *Façadism*, Routledge, London.

Robins, K. (1991), 'Tradition and translation: National culture in its global context', in Corner, J. and Harvey, S. *Enterprise and Heritage: Crosscurrents of National Culture*, Routledge, London, pp. 21–44.

Robinson, J.M (1991), 'Civic offence', *Architects Journal*, 10 July, pp. 24–27.

Roelke, T.M. (1992), *Impact of Historic Designation, Lower Downtown, Denver, Colorado: Second Analysis 1990–1992*, City and County of Denver, Denver.

Rogers, R. (1988), 'Belief in the future is rooted in the memory of the past', *Royal Society of Arts Journal*, November, pp. 873–884.

Ross, M. (1991), *Planning and the Heritage*, E. and F.N. Spon, London.

Rossi, A. (1982) (English translation), *The Architecture of the City*, MIT Press, Cambridge, MA.

Rowe, C. and Koetter, K. (1975), 'Collage City', *Architectural Review*, August, pp. 203–212.

Rowe, C. and Koetter, K. (1978), *Collage City*, MIT Press, Cambridge, MA.

Ryan, L.A. 'The Remaking of Lowell and Its Histories', in Weible, R. (ed.), (1991), *The Continuing Revolution: A History of Lowell*, Massachusetts, Lowell Historical Society, Lowell.

Rypkema, D.D. (1992), 'Rethinking economic values', in Lee, A.J. (ed.), *Past Meets Future: Saving America's Historic Environments*, National Trust for Historic Preservation/The Preservation Press, Washington, DC.

Scruton, R. (1979), *The Aesthetics of Architecture*, Methuen, London.

Shacklock, V. (1993), 'Conservation in local authorities: An assessment', *The Planner*, April, pp. 14–16.

Sherlock, H. (1991), *Cities are Good For Us: The Case for Close-knit Communities, Local Shops and Public Transport*, Paladin, London.

Skipp, V. (1983), *The Making of Victorian Birmingham*, Studio Press, Birmingham.

Skolnik, A.M. (1976), 'A history of Pioneer Square', in Latham, J.E. (ed.), *The Economic Benefits of Preserving Old Buildings*, The Preservation Press/National Trust for Historic Preservation, Washington DC, pp. 15–19.

Slessor, C. (1990), 'Current account (Shad Thames)', *Architects Journal*, 16 May, pp. 38–53.

Smith, N. (1987), 'Of yuppies and housing: gentrification, social restructuring, and the urban dream', *Environment and Planning D: Society and Space*, Vol.5, pp. 151–172.

Smyth, H. (1994), *Marketing the City*, E. and F.N. Spon, London.

Solesbury, W. (1990), 'Property development and urban regeneration', in Healey, P. and Nabarro, R. (eds) *Land and Property Development in a Changing Context*, Gower, Aldershot, pp. 186–194.

Solesbury, W. (1993), 'Reframing urban policy', *Policy and Politics*, Vol.21 (1), pp. 31–38.

Stewart, M. (1987), 'Ten years of inner-city policy', *Town Planning Review*, Vol.58 (2), pp. 129–145.

Stewart, M. (1994), 'Between Whitehall and town hall: the realignment of urban regeneration policy in England', *Policy and Politics*, Vol.22 (2), pp. 133–145.

Strang, C. (1993), 'Conservation commandments: Ten things planners should do for conservation on their own patch', *The Planner*, April, pp. 17–19.

Strathclyde Regional Council (1995), *Glasgow City Centre Public Realm Strategy and Guidelines*, Strathclyde Regional Council, Glasgow.

Stungo, A. (1972), 'The Malraux Act 1962–72', *Journal of the Royal Town Planning Institute*, Vol.58 pp. 357–362.

Suddards, R.W. and Morton, D.M. (1991), 'The character of conservation area', *Journal of Planning and Environmental Law*, November, pp. 1011–1013.

Sudjic, D., Cook, P., and Meades, J. (1988), *English Extremists*, Fourth Estate Ltd/ Blueprint, London.

Summerson, J. (1949), *Heavenly Mansions*, London.

Sweeney, T.W. (1990), 'Reclaiming Old Singapore', *Architects Journal*, 16 August, pp. 31–43.

Tabor, P. (1989), 'Boiler House to Bauhaus: The Design Museum', *Architects Journal*, 16 August, pp. 31–43.

Tarn, J.N. (1985), 'Urban regeneration: The conservation dimension', *Town Planning Review*, Vol.56 (2), pp. 245–268.

TBPL (Temple Bar Properties Ltd) (1991), *Temple Bar Lives! Winning Architectural Framework Plan*, Temple Bar Properties Ltd, Dublin.

TBPL (Temple Bar Properties Ltd) (1992), *Development Programme for Temple Bar*, Temple Bar Properties Ltd, Dublin.

Tibbalds Colbourne Karski Williams Ltd, (1990), *Birmingham City Centre Design Strategy*, Birmingham City Planning Department, Birmingham.

Tibbalds Colbourne Karski Williams Ltd, (1991), *National Heritage Area Study*, Nottingham City Council, Nottingham.

Tibbalds, F. (1992), *Making People-Friendly Towns: Improving the Public Environment in Towns and Cities*, Longman, London.

Tiesdell, S. (1995), 'Tensions between revitalization and conservation: Nottingham's Lace Market', *Cities*, Vol.12 (4), pp. 231–241.

Tredre, R. (1995), 'I'll take Manhattan', *Life: The Observer Magazine*, 12 March, p24–27.

Turok, I. (1992), 'Property-led urban regeneration: Panacea or placebo?', *Environmental Planning A*, Vol.1 (24), pp. 361–379.

Uhlman, W. (1976), 'Economics aside', in Latham, J.E. (ed.) *The Economic Benefits of Preserving Old Buildings*, The Preservation Press/National Trust for Historic Preservation, Washington, DC, pp. 5–7.

URBED with Segal Quince Wicksteed (1987), *The Jewellery Industry and Jewellery Quarter Development Study: Report for the City of Birmingham*, URBED/Birmingham City Council, Birmingham.

URBED (1992), *The Regeneration of Bradford's Historic Merchant Quarter*, URBED/Bradford City Council, Bradford.

US Conference of Mayors/National Trust for Historic Preservation (1966), *With Heritage So Rich*, National Trust for Historic Preservation, Washington, DC.

Venturi, R. (1977), *Complexity and Contradiction in Architecture*, 2nd edn, The Architectural Press, London.

Venuti, G.C. (1986), 'Bologna: From expansion to transformation', *Built Environment*, Vol.12 (3), pp. 138–145.

Vidler, A. (1978), 'The third typology', in Deleroy, R.L. *Rational Architecture*, Archives d'Architecture Moderne, pp. 28–32.

Watkin, D. (1977), *Morality and Architecture*, Clarendon Press, Oxford.

Webb, R.S. (1976), 'Overcoming preservation problems', in Latham, J.E. (ed.) *The Economic Benefits of Preserving Old Buildings*, The Preservation Press/National Trust for Historic Preservation, Washington, DC, pp. 117–120.

Weible, R. (ed.) (1991), *The Continuing Revolution: A History of Lowell, Massachusetts*, Lowell Historical Society, Lowell, MA.

Wilford, M. (1984), 'Off to the races or going to the dogs', *Architectural Design*, Vol.54 (1/2), pp. 8–15.

Wise, D. (1993), 'Rehabilitation and refurbishment: the contemporary dilemma', *Town Planning Review*, Vol.64 (3), pp. 229–232.

Yeomans, D. (1994), 'Rehabilitation and historic preservation: A comparison of British and American Approaches', *Town Planning Review*, Vol.65 (2), pp. 159–178.

Zukin, S. (1989), *Loft Living: Culture and Capital in Urban Change*, Rutgers University Press, New Brunswick, NJ.

译 后 记

第一次见到本书是1999年为研究生准备"城市更新理论与方法"课程参考文献的时候，那时国内翻译国外理论专著的情况还不是很多，于是就让学生将此书作为英语阅读和翻译练习的材料，准备用作系内的教学参考书。正在此时，中国建筑工业出版社开始组织翻译出版国外专著一事，于是本书就被列入了出版计划。但当开始正式翻译时，才发现以前的翻译稿基本上达不到出版要求，只好另起炉灶，从头开始。

本书的翻译与笔者所主持的一项国家自然科学基金项目"社会转型中的历史街区保护理论与方法"（编号：50078012）的研究工作几乎是同步进行的，书中的一些观点也被我们用于认识我国历史街区的保护问题。本书所反映的西方历史街区保护思想的演变过程，正是我们现在所经历或将要经历的一种变化。即城市历史环境的保护必须是城市总体发展战略中的一部分，也是城市社会经济结构及其功能变革的一部分。只有这样，对历史环境的保护才能摆脱单纯重视物质形态保留而忽视城市功能转型及社会经济活动变革的状况。本书所列举的许多实例与我国历史街区所面临的问题似乎大同小异，其物质环境也都破旧不堪、人口老化严重、街区功能单一、对城市居民甚至本地居民都毫无吸引力……。随着历史文化名城及历史街区保护工作的不断深入，特别是新编"历史文化名城保护规划规范"的颁布实施，标志着我国历史街区保护的工作将进入一个新的阶段。在这个时候出版本书，无疑将会对我们深入理解保护与振兴之间的辩正关系起到参考和借鉴作用。而这就是我们翻译本书的初衷所在。

我们认为，书中所表达的观点和理论与我们现在所熟悉的西方保护思想存在着逻辑上的连贯性。即在经历了从单体建筑保护到街区的保护之后，还必须从物质环境的保护进化到历史街区社会经济结构与功能的全面振兴，这样才能保证历史环境在现代城市肌理中长期存在的可能性。其实无论从历史的角度还是从城市发展的内在规律看，城市空间的形式都是特定历史时期各种社会经济活动的产物。如果说保护的目的就是希望通过保留既定的历史环境，使人们更好地认识和理解它们所反映的那个时代的社会生活状态与文化特征。那就应当想方设法使具有很高文化价值的历史空间成为能够接纳某些现代和未来城市功能的容器，并通过合理而必要的保护、修复与整治措施，适当提高这个容器的适应能力。这是一种可持续的保护－振兴策略，也是历史街区保护真实性原则的真谛所在。这意味着，通过外在的物质环境的保护与内在的街区功能的更新，将历史街区的景观特色、传统文脉与文化内涵嫁接到新的城市社会经济基础之上，从而使其获得新的发展动力。这是大多数历史街区重获新生的必由之路。

当然，另外还有一些历史街区由于其价值与环境的特殊性，可能需要按照文物保护的原则加以对待，以"博物馆式"的城市或街区形式把它们保留下来。这也是一种十分必要的保护方法，对我们认识传统文化具有重要的意义。但诚如作者所说，这种主要针对于单体建筑而发展起来的保护方式并不在本书的讨论范围之内。

还需要强调的是，城市是一种非常复杂的有机体，城市更新与保护的方法自然会因其文化与环境的不同而各不相同。从本书的章节组织来看，作者似乎是企图将纷繁庞杂的城市问题加以疏理，将各种历史街区保护与振兴方式整理归纳为若干有限的思想路线。但同时他们也在强调每个案例都有其独到之处，在一座城市中的具体做法之所以能够成功，是一系列社会经济背景和特定城市环境耦合的结果。所以，在借鉴别人的成功经验时需慎之又慎。既要认真合理地学习国外的先进经验，又要避免简单化地理解和模仿这些经验，若干年来我国历史街区保护的实践就是在这样一种境遇中彷徨前行的。希望本书的出版使我们对西方国家在历史街区保护与振兴这一重要课题的研究有一个更加全面的认识。

本书的翻译得到了中国建筑工业出版社的大力支持，特别是程素荣编辑为此付出了许多心血，她对译校工作的一再拖延表现出了超人的忍耐力，还有阳昱同学和许多研究生也为翻译工作作出了贡献，在此对他们一并表示衷心的感谢。

因本书涉及许多专业知识和地方知识，翻译过程中一定存在不少失误与疏漏，敬请读者见谅是盼。

译者
2005 年 11 月 21 日
于东南大学中大院